BASTEI
LÜBBE

Bisher sind im BASTEI-LÜBBE Taschenbuchprogramm von E. E. »DOC« SMITH nachstehende Bände erschienen:

21 185 Die Jagdhunde des IPC

23 039 Die stählerne Festung
23 041 Der Killermond
23 043 Die Robot-Bombe

Weltraum-Zirkus d'Alembert

Die Geheimwaffe des Imperiums

Die große SF-Serie von

E. E. »DOC« SMITH

mit Stephen Goldin

Band 4

Der Asyl-Planet

BASTEI LÜBBE

BASTEI-LÜBBE-TASCHENBUCH
Science Fiction Abenteuer
Band 23 047

Deutsche Lizenzausgabe 1985
Bastei-Verlag Gustav H. Lübbe GmbH & Co., Bergisch Gladbach
Originaltitel: Getaway World
Ins Deutsche übertragen von Dr. Ingrid Rothmann
Titelillustration: Agentur Thomas Schlück
Umschlaggestaltung: Quadro-Grafik, Bensberg
Druck und Verarbeitung:
Elsnerdruck GmbH, Berlin
Printed in Western Germany
ISBN 3-404-23047-7

Der Preis dieses Bandes versteht sich einschließlich
der gesetzlichen Mehrwertsteuer.

1. Kapitel

Plauderei mit Lady A

Die junge Frau wirkte völlig fehl am Platze. Hochgewachsen und schlank, schön und voll natürlicher Würde, so stand sie nach der Landung in der Wartereihe vor dem Quartieramt und sah hier aus wie eine edle Tulpe in einem Kaktusbeet. Die hier gemeinsam mit ihr warteten, bildeten den Abschaum Dutzender von Welten. Praktisch alle, männlich wie weiblich, hatten die härteste Schulung hinter sich, welche die Galaxis zu bieten hatte — nämlich das kaiserliche Gefängnissystem. Sie waren grobschlächtig, größtenteils ungebildet und verkommen. Ihre Herkunft war an der Slangfärbung ihres jeweiligen Heimatplaneten und an den Kraftausdrücken, mit denen sie ihre Gespräche würzten, zu erkennen.

Die gepflegte junge Dame bildete zu all dem einen scharfen Kontrast. Das von einem führenden Modeschöpfer der Erde stammende Kleid saß wie angegossen. Ihr Blick verriet Intelligenz, das lange schwarze Haar war tadellos frisiert. Benehmen, Kopfhaltung, Selbstsicherheit — das alles deutete darauf hin, daß diese Frau etwas Besonderer war und daß sie aus reichem, wenn nicht gar adeligem Hause stammte.

Geduldig harrte sie in dem Korridor aus, dessen einstmals weißer Anstrich einer trüben Grauschattierung gewichen war und unzählige Kritzeleien aufwies. Sie starrte geradeaus zu den Tischen, an denen die Computer-Programmierer die auf den Karten der Wartenden verzeichneten Informationen den leise summenden Maschinen eingabe. Die lüsternen Blicke der Männer und neidischen Gesichter der Frauen schien sie nicht wahrzunehmen. Sie bewegte sich im Rhythmus der Warteschlange weiter, reagierte jedoch auf ihre Schicksalsgenossen ansonsten so wenig wie eine Statue.

Endlich war sie an der Reihe. Sie übergab ihre Unterlagen der Frau am ersten Tisch, die sie routinemäßig ohne aufzusehen in Empfang nahm und sie in den Computer eintippte. »Name?« fragte die Beamtin angeödet.

»Hazel Whiting«, antwortete die junge Dame. »Es steht ohnehin auf der Karte, falls Sie einen Blick riskieren könnten.«

Der kultivierte Ton bewirkte, daß die Beamtin aufblickte. Verblüffung war ihre erste Reaktion. Menschen dieser Kategorie hatte sie hier noch nie gesehen. »Was wollen Sie denn hier?« entfuhr es ihr unwillkürlich.

»Dasselbe wie alle – ich suche ein Asyl.«

Die Beamtin hatte ihre Zweifel. Diese junge Dame sah zu sauber und unschuldig und auch zu intelligent aus. Die speziellen Dienstleistungen dieses Planeten waren auf Menschen anderen Typs zugeschnitten. Sie tastete vorsichtig mit dem linken Fuß nach dem unsichtbar angebrachten Knopf, mit dem sie dem Chef einen ungewöhnlichen Vorfall meldete. Die Drei-Vid-Kameras in den Ecken würden die Szene sofort in sein Büro überspielen, und er konnte unbeobachtet von dem Bewerber eine Entscheidung treffen. Inzwischen fuhr die Beamtin in ihrer Arbeit unbefangen fort. »Aus welchem Grund suchen Sie hier Zuflucht?«

»Auch das ist auf der Karte verzeichnet«, sagte die Frau, die sich Hazel Whiting nannte. »Juwelenraub, dazu ein paar Betrügereien.« Nach einer kleinen Denkpause ergänzte sie sarkastisch:»Damenhaftes Auftreten ist in dieser Branche von größtem Nutzen. Man verschafft sich Zutritt in gutbetuchte Kreise und damit zu lohnender Beute.«

Die Beamtin tippte nach einem Achselzucken weiter. Dann nahm sie ein Retinaskop zur Hand, und Hazel Whiting beugte sich vor und ließ ihre Identität überprüfen. Sodann bekam sie eine Plastik-Kennkarte, ein Prospekt und eine Buchrolle ausgehändigt.

»Während Ihres Aufenthaltes auf dem Asylplaneten müssen Sie von ihren Ersparnissen leben«, sagte die Beamtin routinemäßig. Es war ein Satz, den sie schon unzählige Male geäußert hatte. »Hier bestiehlt man sich nicht gegenseitig. Melden Sie sich auf Zimmer J-5. Dort wird man Ihnen eine vorläufige Unterkunft zuweisen, bis Sie sich endgültig für einen Stadtteil entschieden haben.«

Hazel Whiting nahm die Sachen in Empfang und wandte sich

zum Gehen. Als sie durch die Reihe der Wartenden hindurch wollte, wurde sie von einem Mann am Arm gepackt. »Hoppla, Hazel Whiting«, schnarrte er — »Wie wär's, wenn wir beide uns zusammentun?«

Das Mädchen musterte ihn skeptisch. Der Kerl gehört zum untersetzten Typ mit mehr Muskeln als Hirn. Seine Ausdünstung ließ darauf schließen, daß er seit einem Vierteljahr nicht mehr gebadet hatte, der struppige Bart war offenbar mit einer schartigen Schere gestutzt worden. »Da trinke ich lieber Vakuum durch einen Strohhalm«, lautete ihre kühle Antwort.

Der Mann ließ ein heiseres Lachen hören und zog sie an sich. »Na, dir werde ich die schnippische Art bald abgewöhnen!«

Hazel Whiting wurde erst aktiv, als sie mit dem Mann auf Tuchfühlung war. Dann aber kamen ihre Bewegungen blitzartig. Sie trat ihn mit aller Kraft gegen den Rist. Er jaulte auf vor Schmerz und ließ ihren rechten Arm los. Mit gespreizten, steifen Fingern versetzte sie ihm einen Stoß knapp unter die Rippen. Der Mann klappte zusammen.

Unter dem Gepfeife und Gejohle der anderen Männer ging Hazel Whiting weiter, um in Zimmer J-5 ihre Quartierzuweisung abzuholen.

Garst war aus verständlichen Gründen nervös. Ihm gegenüber saß die Frau, die er nur als Lady A kannte. Dazu kam, daß sie die weitaus schönste Frau war, die ihm jemals begegnet war. Das klassische Antlitz war von geradezu zeitloser Schönheit. Der helle Teint strahlte in seiner Makellosigkeit, die unbewegten grünen Augen nahmen alles Sehenswerte mit ruhiger Gelassenheit auf. Dieser Körper war die leibhaftige Sinnlichkeit. Sogar ihr Parfum strahlte Weiblichkeit aus. Diese Frau hatte etwas Überzeitliches an sich. Ihr Alter war unbestimmbar. Es mußte irgendwo zwischen dreißig und sechzig liegen. Natürlich hätte Garst nie gewagt, eine diesbezügliche Frage zu stellen.

Ihr Hosenanzug aus Samt hatte weitgeschnittene Ärmel und Beine. Das grüne Material war mit schwarzem Stoff kombiniert und an den Kanten mit Smaragden abgesetzt. Die enganliegende grüne Kappe — durch einen Kragen aus Goldmetall mit dem Anzug verbunden — bedeckte ihr pechschwarzes Haar fast vollständig. Vom vorderen Rand der Kappe hing ihr eine Perle in die Stirn, um den Hals trug sie an einer Goldkette einen Anhänger, der ein integrierter Kreis-Abschnitt war.

Trotz ihrer körperlichen Vollkommenheit strömte sie eine Kälte aus, die sie erschreckend unmenschlich erscheinen ließ. Ihre Wesensart war von Energie geprägt, ihre Redeweise deutete auf Sarkasmus und Härte hin. Garst konnte sich nicht erinnern, daß sie jemals gelacht hatte. Insgesamt wirkte sie, als hätte sie, die einen vollkommenen Körper besaß, die Herrschaft über ihre Seele verloren.

Lady A saß ihm mit gekreuzten Beinen gegenüber, die Hände im Schoß gefaltet. Sie starrte Garst mit bohrender Eindringlichkeit an, während sie sprach.

»Mit ihrer bisherigen Tätigkeit bin ich sehr zufrieden«, erklärte sie. »In knapp drei Monaten haben Sie aus einem nahe an der unteren Grenze der Rentabilität arbeitenden System eine höchst wirkungsvolle Organisation gemacht. Unsere ›Kolonie‹ wächst sprunghaft an. Bald werden wir hier genügend Talente beisammen haben, um unseren Werbefeldzug wirksam durchführen zu können.«

Garst nahm ihr Lob mit einem Kopfnicken entgegen. Lady A hatte dabei ihren Tonfall kaum verändert. Sie war noch immer so leidenschaftslos wie ein Asteroid. »Danke«, erwiderte Garst. »Wie ich schon bei unserer ersten Begegnung betonte, ist Organisieren meine Stärke. Das von mir auf Vesa aufgebaute System funktionierte klaglos zwanzig Jahre lang, ehe es im Vorjahr durch einen unglücklichen Zufall zerstört wurde. Und ich stand ganz allein hinter der Organisation. Sie, mit Ihren Beziehungen, und dazu ich — uns beiden sind keine Grenzen gesetzt.«

Er erlaubte sich eine entspanntere Haltung und lehnte sich zurück. Halb scherzend fuhr er fort: »Mich würde nicht wundern, wenn wir dank meiner Fähigkeiten und Ihrer Verbindungen innerhalb weniger Jahre das Imperium beherrschten.«

Verächtlich äußerte die Frau: »Das möchte ich sehr bezweifeln. Schon einmal war dieser Leckerbissen in meiner unmittelbaren Reichweite. Er läßt sich jedoch nicht so einfach pflücken, wie es zunächst scheint. Um dieses Ziel zu erreichen, brauchen wir viel mehr Zeit und vor allem viel umfassendere Vorbereitungsarbeiten im Hintergrund.«

Nur mit Mühe verbarg Garst seine Überraschung. Ihre Antwort auf seine scherzhaft gemeinte Frage war todernst ausgefallen. Sie hatte ihre Augen tatsächlich begehrlich auf den Thron geworfen! Aber was hatte sie gemeint, als sie sagte, dieser wäre bereits in ihrer unmittelbaren Reichweite gewesen?

Ein auf dem Schreibtisch aufflackerndes Licht riß ihn aus seinen Gedanken. Auch Lady A bemerkte das Flackern. »Was bedeutet das?« wollte sie wissen.

Garst streckte die Hand aus und drückte eine Computertaste. »Ein Signal von der Zulassungsstelle«, antwortete er.

»Gibt es Ärger?«

»Ach, wahrscheinlich nichts von Bedeutung. Heute kommt eine neue Ladung herein, und für gewöhnlich mache ich pro Schiff eine genauere Stichprobe. Ich gab Anweisung, man möge mich verständigen, wenn sich etwas annähernd Verdächtiges ereignet, damit ich persönlich eine Entscheidung treffen kann. Ich behalte mir innerhalb meiner Organisation das letzte Wort vor — und das macht meinen großen Erfolg aus.« Er verschwieg ihr, daß er seit dem Auffliegen seines Raub- und Mord-Ringes auf Vesa geradezu an Verfolgungswahn litt. Er wollte die Probleme in den Griff bekommen, noch ehe sie sich zu echten Problemen auswuchsen.

Er betätigte etliche weitere Schalter und Tasten und schaltete damit die Monitoren ein, um die Szene bei der Zulassungsstelle mitzubekommen. Aus Höflichkeit seiner Besucherin gegenüber drehte er den Monitor so, daß sie ebenfalls sehen konnte.

Beide beobachteten schweigend die Szene zwischen Hazel Whiting und der Beamtin. Sie wurden auch Zeuge des kurzen, aber harten Kampfes mit dem lüsternen Mann. Garst stieß einen anerkennenden Pfiff aus, als er sah, wie geschickt sich die Frau verteidigte. »Diese Hazel Whiting versteht sich zu wehren«, sagte er, während diese den Korridor entlangging.

»Das kann sie«, mußte Lady A eisig zugeben. »Nur heißt sie nicht Hazel Whiting — es handelt sich vielmehr um Helena Wilmenhorst.«

Nun trat eine Pause ein, denn Garst mußte diesen Brocken erst mal verdauen. »Mit dem Großherzog irgendwie verwandt?« fragte er schließlich.

»Nur seine Tochter«, erwiderte Lady A sarkastisch. »Und seine Erbin.«

Garst war nicht wenig beeindruckt und erstaunt. Die Familie von Wilmenhorst beherrschte Sektor Vier, eines der reichsten Gebiete des vom Menschen bewohnten Raumes. Eines Tages würde Helena von Wilmenhorst über mehr als hundert Planeten gebieten und nur von der Krone allein Befehle entgegennehmen. »Wie ist sie hierhergekommen, und was bezweckt sie damit?« überlegte er laut.

»Was ersteres betrifft«, äußerte Lady A gedehnt, »so muß es sich um eine Lücke in dieser großartigen Organisation handeln. Helena gehört nicht zu den Typen, auf die unsere Dienstleistungen im allgemeinen abzielen. Ich vermute, daß sie sich mittels Bestechung hier Zugang verschafft hat. Was das Zweite betrifft — . . .« Sie machte eine Pause und überlegte. Schließlich entschied sie sich dafür, Garst ins Vertrauen zu ziehen.

»Ich will Ihnen reinen Wein einschenken. Helenas Vater ist der oberste Chef des Service of the Empire.«

Garst starrte sie ungläubig an. Das Service of the Empire oder SOTE war praktisch der verlängerte rechte Arm des Kaisers. Diese Organisation war der hervorragendste Geheimdienst, über den die Menschheit je verfügt hatte. In erster Linie diente er dazu, der Politik der Regierung Geltung zu verschaffen. Nur die loyalsten und fähigsten Agenten der Galaxis durften für den Service tätig sein.

Lady A entging seine Verwirrung nicht. Zum ersten Male im Verlauf ihrer Zusammenarbeit lächelte sie. Es war ein Lächeln bar jeglicher Wärme und Anteilnahme. »Diese Tatsache ist nicht allgemein bekannt«, fuhr sie fort. »Es wäre sehr unklug, die Kenntnis davon über diese vier Wände hinausgelangen zu lassen.«

»SOTE!« Garsts Verstand zog in rasender Eile sämtliche Folgen in Betracht. »Das heißt also, daß sie gekommen ist, um über uns Nachforschungen anzustellen.«

»Ihr blitzschnell arbeitender Verstand setzt mich immer wieder in Erstaunen.«

Er überhörte die Ironie ihrer Worte und gab seinem Schreibtischcomputer hastig einen Auftrag ein. In Sekundenschnelle glitt eine Fotokopie der Akte Hazel Whiting aus einem schmalen Schlitz seitlich am Tisch. Er las die Unterlagen sorgfältig durch, während sein Gegenüber ihn mit geduldiger Neugier beäugte.

»Unsere Unterlagen besagen, daß diese ›Hazel Whiting‹ erstmals auf dem Planeten Kiesel in Sektor Fünf mit uns Kontakt aufnahm. Sie machte sich an einen unserer Agenten heran und behauptete, sie wäre eine Juwelendiebin und Betrügerin. Sie müsse auf dem Asylplaneten Zuflucht suchen, weil ihr Partner im Verlauf des letzten Fischzuges getötet worden wäre und die Spuren in etwa siebzig Fällen auf sie hindeuteten. SOTE und reguläre Polizei wären ihr dicht auf den Fersen. Sie hätte höhere Schulbildung genossen und wäre den üblicherweise hier vertretenen Typen haushoch überlegen.« Garst vertiefte sich weiter in den Bericht. »Ich kann den Unterlagen keinerlei Beweise für ihre Behauptungen entnehmen — unser Mann hat ihr das wohl alles auf Treu und Glauben abgenommen. Oder er hat ihr eben einen gewissen Kredit eingeräumt. Na, jedenfalls werde ich ihn sofort ersetzen lassen.«

Garst stand auf und fing an, langsam hinter seinem Schreibtisch auf und ab zu wandern. Er war sich der Blicke seiner Besucherin völlig bewußt. Sie beobachtete ihn wie eine Probe unterm Mikroskop, und er wurde das Gefühl nicht los, daß seine weitere Tätigkeit stark davon abhängig sein würde, wie er mit dieser neuesten Entwicklung zu Rande käme.

»Schieben wir mal die Frage beiseite, wie sie hierherkommen konnte«, setzte er behutsam an. »Dann sehen wir uns noch immer dem Problem gegenüber, was wir mit ihr jetzt machen sollen.«

»In der Tat.« Lady A's knappe Bemerkung deutete an, daß sie sehen wollte, wie er auf diese Bedrohung reagierte. Garst mußte entdecken, daß er trotz der angenehmen Kühle seines Büros in Schweiß gebadet war.

Er entschloß sich zu einer Aufzählung der Möglichkeiten. »Wir könnten sie töten, wir könnten sie festnehmen und mit Nitrobarb behandeln, um herauszubekommen, was sie weiß, oder aber, wir könnten sie umherrlaufen lassen und sie beschatten, um zu sehen, was sie unternimmt und mit wem sie Kontakte aufnimmt.

Die erste Möglichkeit ist mir aus ästhetischen Gründen zuwider. Außerdem würden uns alle Informationen, über die sie verfügt, verlorengehen. Nein, es wäre ein aus Panik und Verzweiflung geborener Schritt. Und bis jetzt ist die durch sie entstandene Bedrohung nicht so ernst. Sie zu töten, wäre zwar der sicherste, aber nicht unbedingt der klügste Weg.

Die zweite Alternative ist bestechend. Unter dem Einfluß von Nitrobarb kann niemand lügen. Sie würde alles ausplaudern: wie sie uns auf die Spur kam, wie sie hierher gelangte, welche Pläne sie hat und wie die SOTE gegen uns vorgehen will. Selbst wenn sie bei dem Verhör stürbe, hätten wir uns zuvor einen Vorteil verschafft.«

»Und doch scheint mir, als hörte ich ein leises Zögern aus ihren Worten heraus«, bemerkte Lady A. »Wenn die Verabreichung von Nitrobarb all diese Vorteile hat, warum dann nicht sofort, damit wir es hinter uns bringen?«

»Es sprechen einige Gründe dagegen. Angenommen, sie möchte hier mit jemanden Kontakt aufnehmen, mit jemanden, den sie nicht kennt und der sich ihr mittels eines Code-Satzes nähert. In diesem Fall haben wir nichts davon, wenn wir sie festnehmen, da wir damit ihren Kontaktmann verscheuchen. Wenn wir sie aber an der langen Leine arbeiten lassen, machen wir vielleicht einen größeren Fang. Wenn wir sie am Leben lassen, könnten wir sie später als Tauschobjekt benutzen, falls es Schwierigkeiten gibt. Je länger wir sie frei umherlaufen lassen, desto mehr erfahren wir.«

»Diese Methode ist die unsicherste unter Ihren drei Alternativen«, bemerkte Lady A spitz.

»Aber möglicherweise die lohnendste. Und die Bedrohung,

die dieses Mädchen eventuell darstellt, ist noch immer minimal. Von diesem Planeten aus kann sie ohne unser Wissen keine Nachricht weitergeben. Ich werde ihre Sachen durchsuchen lassen, gründlich und diskret, versteht sich, damit wir sicher sein können, daß sie keine Funkanlage bei sich hat. Sie kann nur an Bord eines unserer Schiffe von hier weg, und aus diesem Grund werde ich die Wachen auf dem Raumhafen vervierfachen, damit sie uns nicht entwischt.«

»Und wie wollen Sie verhindern, daß Freunde von anderen Planeten hier mit eigenen Schiffen heimlich landen und sich mit ihr treffen?«

Garst lächelte. »Unser Planet liegt abseits der Haupthandelswege und wurde, wie sie wissen, vom Imperium als zwar entdeckt, aber unbesiedelt zu den Akten gelegt. Die einzigen Schiffe, die näher an uns herankommen, sind unsere eigenen, und deren Fahrplan kennen wir. Sollte sich etwas anderes den Grenzen dieses Sonnensystems auch nur nähern, wird es sofort vom Himmel gepustet. Wir kontrollieren alles Kommen und Gehen — dessen bin ich sicher.«

Lady A sagte zunächst nichts darauf. Garst sah ihr regloses Gesicht und versuchte aus ihren Blicken Zustimmung oder Ablehnung zu lesen. Hatte er die Prüfung bestanden und ihr Vertrauen wiedergewonnen oder hatte er bei seinen Überlegungen einen Fehler gemacht, der ihn als unfähig brandmarkte?

Schließlich setzte die Frau zum Sprechen an. »Gut, Garst, ich stimme mit Ihren Überlegungen überein. Wenn wir Helena von Wilmenhorst mit Nitrobarb behandeln, haben wir auf lange Sicht nicht viel Nutzen davon. Wir haben nämlich bereits Zugang zu sämtlichen Informationen, welche die allgemeinen Operationen der SOTE betreffen. Im Hinblick auf ihre jetzige Sondermission sind wir besser dran, wenn wir sie dicht beschatten lassen. Und sie sorgen dafür, daß die Überwachung wirklich lückenlos erfolgt — ohne Löcher, ohne Lecks, ohne eine Möglichkeit des Entkommens.« Ihr Ton deutete unmißverständlich an, wie sich andernfalls sein weiteres Schicksal gestalten würde.

»Keine Angst, das machen wir schon. Ich sorge dafür, daß

meine besten Leute sämtliche Räume ihres Appartements durchsuchen und rund um die Uhr überwachen. Wir werden in ihren Kleidungsstücken Abhörwanzen verstecken. Sie wird auf allen Wegen ständig Beschatter haben. Wir werden alle unter die Lupe nehmen, mit denen sie Kontakt hat, und jede kleinste verdächtige Spur weiterverfolgen. Ich werde mich persönlich mindestens einmal täglich um den Stand der Überwachung kümmern, um sicherzugehen, daß uns keine Fehler unterlaufen, Helena von Wilmenhorst wird besser bewacht werden, als die gesamte kaiserliche Familie. Uns wird nichts entgehen, dafür hafte ich mit meinem Leben.«

»Ja«, sagte Lady A. »Sie tun gut daran.«

Nachdem seine Besucherin sich empfohlen hatte und er seine Überwachungstaktik durch Befehle in die Tat umgesetzt hatte, blieb Garst allein und in Gedanken versunken in seinem Büro sitzen. Worauf habe ich mich da eingelassen? fragte er sich. Und mit wem mache ich da gemeinsame Sache?

Er griff nach der Schalteinrichtung seines Recorders. Rein routinemäßig nahm er jede in diesem Raum stattfindende Besprechung auf, so daß er sie zur Auffrischung der Erinnerung jederzeit abspielen konnte. Und nun saß er bei gedämpfter Beleuchtung hinter seinem Schreibtisch und ließ die Szene von vorhin vor sich ablaufen.

Bestimmte Sätze ließen ihn nicht los. »Dieser Leckerbissen war schon einmal in meiner Reichweite«, hatte sie in bezug auf die Krone gesagt. Und dann »wir haben selbst Zugang zu allen Informationen, die die allgemeinen Operationen der SOTE betreffen.«

Nach seinem angeblichen Tod und der überstürzten Flucht vom Spielerplaneten Vesa hatte Garst verzweifelt sämtliche Kontakte zur galaktischen Unterwelt mobilisiert, bis er endlich durch den Freund eines Freundes, mit Lady A zusammengetroffen war und sie um einen Auftrag gebeten hatte. Er hatte erwartet, in eine Verbrecherorganisation eingeschleust zu werden, in der er seine Talente wieder spielen lassen konnte. Doch die Unterredung mit Lady A ließ ihn nicht im Zweifel darüber, daß er es in Wahrheit mit einer das ganze Imperium umfassenden Verschwörung von weitaus größerem Maßstab zu tun hatte. Der Gedanke an die Bedeutung all dessen erfüllte ihn mit Furcht und begieriger Vorfreude gleichermaßen.

Garst war ein besonders ehrgeiziger Mensch. Bis vor kurzem war sein Ehrgeiz durch die Tatsache gebremst worden, daß er sich auf einen einzigen kleinen Satelliten beschränken mußte. Jetzt aber ging die Blüte der echten Macht direkt vor ihm auf. Er fand ihren Duft berauschend.

Er stand auf und kam hinter seinem Schreibtisch hervor. Dabei befingerte er vorsichtig das kleine Medaillon, das man ihm zu seinem Einstand in der Organisation gegeben hatte. Es sei ein Mitgliedsabzeichen, hatte man ihm damals gesagt, ein Mittel der Identifizierung. Von der Form her war es ganz schlicht: ein winziger integrierter Kreisabschnitt an einer dünnen Goldkette, beinahe unsichtbar, wenn man nicht genau hinsah. Und doch machte es ihn zum Teil eines Ganzes, das offenbar die gesamte Galaxis umspannte und als sein Ziel die Beherrschung des Menschengeschlechtes ansah.

Garst wußte genau, daß er sich nie damit zufriedengeben würde, das Rädchen in der Maschinerie eines anderen zu spielen. Er wollte vielmehr selbst die zur Spitze dieser Machtstruktur führende Leiter finden und sie schleunigst erklimmen. Er würde vielleicht nicht zum Big Boß der gesamten Maschinerie aufsteigen, doch daß er zu Höherem befähigt war, wußte er.

Natürlich würde es Hindernisse geben, die es zu überwinden galt. So übte er zwar die Gewalt über diesen ganzen Planeten aus, doch war ihm nicht ein einziger seiner Mitarbeiter wirklich treu ergeben. Alle waren sie von Lady A ausgewählt worden. Sogar Jinda Rawling, seine Sicherheitschefin und rechte Hand, würde ihr Heil wahrscheinlich bei Lady A suchen, falls man ihre Ergebenheit jemals ernsthaft auf die Probe stellte. Das bedeutete, daß Garst im Alleingang arbeiten mußte. Er durfte niemanden trauen, wenn er sein Ziel erreichen wollte. Und er wußte, daß er es schaffen konnte.

Helena von Wilmenhorst konnte sich als der Schlüssel zu seinem Aufstieg erweisen. Obgleich er vor Lady A sorgfältig vermieden hatte, es zu erwähnen, war dies einer der Gründe, warum er die junge Dame am Leben lassen und genau überwachen lassen wollte. Noch wußte er nicht wie, aber die junge Herzogin konnte ihm vielleicht von Nutzen sein, wenn es galt, an die Spitze zu kommen.

Der Gedanke war wahrhaft erheiternd.

2. Kapitel

Mission auf Mellisande

Der Planet Mellisande besaß fünf Monde, die einen wahren Tanz auf seinem Nachthimmel vollführten. Der größte war mehr als halb so groß wie der Erdenmond, zwei waren fast ebenso groß, und das bedeutete, daß die Nächte auf Mellisande selten ganz finster waren. Ein Silberglanz durchdrang die Atmosphäre und verlieh auch noch der banalsten Umgebung eine märchenhafte Aura. Und wenn alle Monde gleichzeitig aufgegangen waren, konnte die Nacht etwa halb so hell werden, wie der Tag.

Im Moment aber standen nur ein großer und ein kleiner Mond über dem Horizont, wofür die zwei durchs Gebüsch kriechenden Schattenformen überaus dankbar waren. Ihre Aufgabe war auch ohne das Risiko, in einer besonders hellen Mondnacht entdeckt zu werden, schwierig genug.

Die Szenerie unter ihnen war völlig ruhig: Ein weitläufiges Herrenhaus mit mehr als zwei Kilometer Abstand zum nächsten Nachbarn, auf drei Seiten von freiem Land umgeben.

Die Hinterseite des Hauses war einer Klippe zugewandt, die fünfzig Meter hoch aufragte. Der Steilabfall war so glatt, daß er für unbezwingbar galt und die Hausbewohner in der Sicherheit wiegte, sie könnten aus dieser Richtung nicht angegriffen werden.

Die zwei Schatten hofften, daß die Bewohner sich sehr sicher fühlten. Das würde ihnen bei ihrer Arbeit sehr weiterhelfen.

Sie lagen minutenlang Seite an Seite ausgestreckt am oberen Klippenabschluß und studierten die Lage eingehend. Vor dem Landhaus parkten zehn Autos. Eben tauchte ein elftes auf, das den schmalen, von der Hauptstraße abzweigenden Weg entlang fuhr und sodann neben den anderen Wagen anhielt. Zwei Personen stiegen aus und gingen zum Haupteingang des Hauses. Nach kurzem Warten wurden sie eingelassen.

»Das müßten eigentlich alle sein«, sagte der eine Schatten mit männlich-tiefer Stimme.

Der zweite Schatten, er war weiblich, nickte dazu,. » *Alors*, Schluß jetzt mit dem Herumlungern, an die Arbeit!«

Der Mann stand auf und hob einen Gegenstand hoch, der einem Harpunengewehr sehr ähnlich war. Während er damit anlegte und das Visier einstellte, entnahm seine Begleiterin ihrem Werkzeuggürtel ein Seil und befestigte es an einem Pflock, der nahe dem Klippenrand fest in den Boden gerammt worden war. »Fertig«, sagte sie.

Der Mann zielte und feuerte. Die Harpune schnellte aus der Mündung und sauste hinunter auf das Dach des Hauses zu. Die mit einem Plastikgehäuse umgebene Spitze zerbrach in einer Ritze zwischen Kamin und Schrägdach und setzte dabei eine gummiweiße Flüssigkeit frei, die sich unter Lufteinwirkung sofort verfestigte. Dieses Sofort-Schweißverfahren schuf eine feste Verbindung zwischen Dach und Geschoß. Nur mit Hilfe eines speziellen Lösungsmittels würde sich die Harpune von ihrem Ankerplatz lösen lassen.

Bislang war als einziges Geräusch das leise, aber unvermeidliche Aufprallgeräusch der Harpunenspitze auf dem Dach zu hören gewesen. Die zwei Menschen am Klippenrand warteten atemlos auf Reaktionen aus dem Hausinneren. Als sich nach drei Minuten noch immer nichts rührte, stießen sie unhörbare Seufzer der Erleichterung aus. Von nun an ließ sich ihr Auftrag um vieles leiser abwickeln.

Mit flinken und fachmännischen Bewegungen straffte der Mann das an der Harpune befestigte Seil. Mit einem kaum merklichen Nicken, das seiner Begleiterin galt, faßte er sodann nach dem Seil und begann sich rasch, Hand über Hand, zu dem weit unter ihm liegenden Hausdach abzuseilen.

Die Frau blieb ruhig oben am Klippenrand stehen und beobachtete den Abstieg ihres Begleiters, wobei sie jedoch in ihrer Wachsamkeit nicht nachließ. Während der Mann sich das Seil entlangarbeitete, stellte er nämlich ein sehr deutliches Ziel dar. Sie mußte also seinetwegen auf der Hut sein. Sobald er sein Ziel erreicht hatte, gab er ihr ein Zeichen, und sie begann den Abstieg, während er sich revanchierte und nun seinerseits ihren Abstieg überwachte.

Die Gesamtzeit ihres Überwechselns auf das Dach lag unter fünf Minuten. Sie waren nun wieder beisammen und verloren keine Zeit, ihren Angriffsplan in die Tat umzusetzen. Schon zuvor hatten sie sich eines der Fenster als Einstieg auserkoren. Behutsam und eilig bewegten sie sich auf die Ostseite des steil abfallenden Daches zu. Der Mann legte sich ausgestreckt hin und hielt nun wieder ein Seilstück, diesmal ein kürzeres, in der Hand. Die Frauß erfaßte das lose Ende und ließ sich vom Dachrand herunter, um festzustellen, ob das betreffende Fenster ungesichert oder mit Alarmeinrichtung geschützt war.

Die Arbeit mit dem Seil und die damit verbundene Kletterei war den beiden nicht neu. Ganz im Gegenteil, ihre Vertrautheit mit dem Kletterseil war beinahe angeboren. Die Frau war nämlich Yvette d'Alembert, und der Mann ihr Bruder Jules. Bis vor knapp einem Jahr waren sie die berühmtesten Luftakrobaten des gesamten Imperiums gewesen. Als Stars des Zirkus der Galaxis hatten sie seit dem frühesten Kindesalter an Seilen gehangen und mit Trapezen geschwungen.

Doch die Aufgabe, die sie nun vor sich hatten, hatte mit banaler Unterhaltung nichts zu tun. In Wahrheit arbeiteten sie als Geheimagenten des Service of the Empire. Sie und die gesamte Zirkusfamilie stellten die fähigsten und treuesten Diener der Krone dar. Sie hatten ihre Fähigkeiten schon wiederholt unter Beweis gestellt und sich dafür nur die Ehre ausbedungen, auch in Zukunft der Krone dienen zu dürfen.

Die vor dem betreffenden Fenster baumelnde Yvette untersuchte es eingehend. Es war mit einem Drehriegel verschlossen. Ihre hochempfindlichen Taschensensoren konnten keine Alarmeinrichtung feststellen. Sie drückte sich eng an die Mauer, drehte den Riegel und stieß das Fenster auf. Nun bedeutete es keine Schwierigkeit mehr, sich am Fensterbrett festzuhalten und sich in den Raum hineinzuziehen. Im Inneren war es dunkel und völlig still. Allem Anschein nach ein Gästezimmer, das momentan unbenutzt war. Sobald sie sich vergewissert hatte, daß reine Luft herrschte, zerrte sie einmal kräftig am Seil und gab damit ihrem Bruder zu verstehen, er könne nachkommen.

Oben auf dem Dach sicherte Jules das Seil, indem er eine kleine Phiole des Sofort-Schweiß-Mittels aufbrach und das Seil über der Dachrinne befestigte. Zuvor vergewisserte er sich, ob das Material der Beanspruchung standhielt. Dann ließ er sich hinunter und stand noch vor Ablauf einer Minute neben seiner Schwester. Die beiden Agenten zogen die Stunner und waren nun aktionsbereit.

Mit allergrößter Vorsicht schlichen sie an die Tür, öffneten sie einen Spalt breit und spähten hinaus in den Korridor. Leider war der Gang hell erleuchtet, dafür aber verlassen. Am Ende des Ganges sahen sie die Treppe, über die sie hinuntergelangen würden, dorthin wo ihre Beute wartete. Zwischen ihrem gegenwärtigen Standort und der Treppe lagen drei geschlossene und zwei offene Türen.

Die ersten zwei Räume waren leer. Im dritten stießen sie auf zwei turtelnde Dienstboten. Yvette fühlte sich als prüde Spaßverderberin, als sie ihnen eine Betäubung vierten Grades verpaßte, die sie für zwei volle Stunden außer Gefecht setzen würde, aber das war eben unumgänglich notwendig.

Sie konnten es sich nicht leisten, daß hinter ihnen jemand Alarm schlug. Wirklich wirksam konnten sie nur einen Ein-Frontenkrieg führen. Mit einer geflüsterten Entschuldigung, die das bewußtlose Paar nie hören würde, schloß sie die Tür und überließ die Beiden wieder ihrer Zweisamkeit.

Im vierten Zimmer saß ein Mann mit dem Rücken zur Tür an einem Schreibtisch und schrieb. Die zwei Schattengestalten, die den Eingang querten, erschreckten ihn, und er drehte sich mit einem Ruck um — seine letzte Bewegung für mehrere Stunden. Jules rasches Reaktionsvermögen betäubte den Mann, noch während er saß. Er hatte keine Chance, die anderen Hausbewohner auch nur mit einem Aufschrei zu alarmieren.

Der fünfte Raum wiederum war leer, und schließlich hatten sie die Treppe erreicht. Die zwei d'Alemberts wechselten kurze, aufmunternde Blicke. Bis jetzt war soweit alles glatt gegangen. Von nun an aber mußten sie jede Sekunde mit Schwierigkeiten rechnen. Wenn ihre Berechnungen stimmten, befanden sich mindestens ein Dutzend Menschen in den unteren Etagen des

Hauses. Es sprach alles dagegen, daß die Agenten sie alle überrumpeln konnten. Daher würde ihnen an diesem Abend wohl oder übel ein Kampf bevorstehen — aber sie hatten nichts anderes erwartet und waren darauf vorbereitet. Ihre Gegner waren es nicht.

Jetzt war es vorbei mit dem Versteckenspielen. Von nun an war Geschwindigkeit ihre wirksamste Waffe. Auf ein winziges Kopfnicken von Jules hin rasten beide Seite an Seite die Treppe hinunter. Kaum glaublich, daß menschliche Wesen eine derartige Geschwindigkeit erreichen konnten.

Die d'Alemberts waren keine normalen menschlichen Wesen. Ihre Familie lebte seit über zehn Generationen auf dem Planeten DesPlaines, einer Welt der schweren Metalle und abweisenden Berge, auf der die Oberflächenschwerkraft das Dreifache der irdischen betrug. Schwächlinge waren in den ersten beiden Generationen den harten Umweltbedingungen des Planeten zum Opfer gefallen. Als Folge davon waren die gegenwärtigen Bewohner von DesPlaines superstark und superschnell. Sie mußte es sein – denn allein das Aufstehen und Umhergehen in einem solchen Schwerefeld war ein Prüfstein für die Energien normaler Menschen, ganz zu schweigen von der Tatsache, daß auf einer Welt, auf der Gegenstände im Fallen die dreifache irdische Geschwindigkeit erreichten, einer, der überleben wollte, über blitzartige Reflexe verfügen mußte. Auf DesPlaines gab es keine sogenannten ›kleinen‹ Unfälle. Wer dort überlebte, gehörte zu den Besten.

Doch diesen genetischen Hintergrund teilten sie mit mehr als sieben Millionen Bewohnern ihrer Heimatwelt. Was Jules und Yvette ihnen voraushatten, war das Familienerbe der d'Alemberts, jene lange Reihe von Zirkuskünstlern, die bis in die Anfänge des Zirkus der Galaxis zurückreichten. Von Geburt an hatte der Schwerpunkt ihrer Erziehung auf körperlichem Training und der Förderung der Beweglichkeit gelegen. Und jetzt, auf dem absoluten Höhepunkt ihrer Laufbahn, waren Jules und Yvette die körperlich vollkommensten Exemplare, die die Menschheit je hervorgebracht hatte.

Kein Wunder also, daß die zwei SOTE-Agenten die Treppen

geradezu herunterflogen und ihr Tempo so kalkulierten, daß die Ahnungslosen, auf die sie es abgesehen hatten, überrumpelt wurden. Das mittlere Stockwerk des Hauses war das Reich der Dienstboten, die hier herauf verbannt waren, um die Wichtigtuer im Erdgeschoß bei ihren geheimen Besprechungen nicht zu stören. Sie bildeten den minderen Teil der Beute im Netz der d'Alemberts und hatten keinerlei strategischen Wert, und doch mußte man sie ausschalten. Andernfalls hätten sie sich zur Wehr gesetzt, und ein Kampf war das allerletzte, das die Kinder des Planeten DesPlaines wollten.

Als Jules in den letzten Raum dieses Stockwerkes stürmte, überraschte er ein Hausmädchen vor einem Waschbecken stehend. Er schoß reflexartig den Betäuber ab und merkte erst im Augenblick des Abdrückens, daß die Frau Wasser aus einem Glas trank. Das Glas entfiel ihrer Hand, und Jules konnte es trotz seiner schnellen Reflexe nicht rechtzeitig auffangen. Es zersprang auf dem Boden und verursachte dabei ein Klirren, welches das gesamte Universum auszufüllen schien.

Nichts zu machen — die Katze war aus dem Sack. Die Leute unten hatten das Geräusch sicher gehört und würden nun auf der Hut sein, solange sich keine natürliche Erklärung bot. Auch wenn sie keinen Angriff fürchteten, würden sie verteidigungsbereit sein und nicht so leicht zu überwältigende Opfer abgeben wie das Hauspersonal.

Während Yvette und Jules zurück zur Treppe liefen, um ins Erdgeschoß vorzudringen, sprach keiner der beiden ein Wort. Das war auch nicht nötig. Sie hatten so viele Jahre lang als Team gearbeitet — und dabei hatte das Leben im wahrsten Sinne des Wortes von ihrer nach Sekundenbruchteilen zu berechnenden Präzision abgehangen — daß ihre Köpfe als Einheit funktionierten. Beide wußten, was nun zu tun war, und jeder wußte auch, wie der andere in jeder nur vorstellbaren Situation reagieren würde.

Während ihres Tandem-Rennens treppab, spähte ein Kopf aus einer Tür, der augenscheinlich Genaueres über den Krach im Obergeschoß wissen wollte. Beim Anblick der zwei die Treppe herabfegenden Gestalten riß er die Augen auf und stieß einen erstaunten Schrei aus. Yvette feuerte ihren Stunner ab, doch der Kerl konnte sich rasch hinter der Tür ducken und schlug nun ersthaft Alarm. Jetzt war der Feldzug ins entscheidende Stadium getreten.

Die Treppe endete in einer Diele mit einem großen Wohnraum zur Linken und einem um weniges kleineren Salon zur Rechten. Ohne zu zögern wandte sich Jules zum Wohnraum und überließ die andere Seite des Hauses den geschickten Händen seiner Schwester.

Bei seinem unerwarteten Eindringen wirkte Jules in der Tat als höchst eindrucksvoller Gegner. Von mittelgroßem Wuchs wie fast alle DesPlainianer – er maß ganze 173 Zentimeter – war er mit soliden Muskeln bepackt. Man sah ihm an, daß er als Gegner ernstzunehmen war. Bekleidet war er mit einem grauen Hosenanzug (er war mit Yvette übereingekommen, daß Grau unter den Monden von Mellisande die bessere Tarnfarbe darstellte als Tiefschwarz) dessen schmiegsames Material und knapper Schnitt sämtliche hervortretenden Muskeln seines hundert Kilo schweren Körpers hervortreten ließ. Hastig sah er sich im Raum um und erfaßte die Situation mit einem Blick.

Sieben Personen waren anwesend, fünf Männer und zwei Frauen. Sie alle kannte er von Bildern, die er eingehend studiert hatte. Es waren die Hauptprädelsführer der Unterwelt dieses Planeten. Eine Liste der von diesen sieben begangenen Verbrechen wäre länger gewesen, als Jules groß war, und jeder einzelne verkörperte eine Organisation, die seine Kräfte vervielfachte.

Der Tür am nächsten war ein Mann in einem großen Sessel. Bei Jules' überraschendem Auftauchen hatte er aufspringen und in seine Tasche nach einer Waffe fassen wollen. Es war eine Bewegung, die er nie voll ausführen sollte. Jules packte seine Hand, riß den fassungslosen Gauner unter Ausnutzung seines eigenen Vorwärtsschwunges und der Aufstehbewegung des Mannes auf die Beine. Damit wurde Jules etwas gestoppt, und er machte sich auch das als hervorragender Athlet zunutze. Seinen unfreiwilligen Partner als Achse benutzend, wirbelte Jules einmal herum, faßte sodann festen Fuß und ließ stattdessen den Mann eine Runde drehen. Dieser verlor den Boden unter den Füßen, flog durch die Luft, stieß dabei mit zwei anderen, einem Mann und einer Frau, zusammen und warf sie alle bewußtlos zu Boden. Jules war eigentlich kein Gewichtheber – sein Vetter Rick hätte dieselbe Nummer weitaus müheloser abgezogen – doch die hinter seinen Bewegungen stehende Kraft reichte aus, um das Resultat höchst zufriedenstellend zu gestalten.

Inzwischen aber hatten die anderen vier ihre Waffen gezogen – Strahlwaffen, wie Jules sofort bemerkte. Diese Typen waren nicht für halbe Sachen. Sie würden eher die Tapete versengen, als ihm sein ungefragtes Eindringen durchgehen zu lassen.

Aber seine Reflexe waren noch schneller. Mit dem Stunner hatte er zwei der Männer zu Boden gestreckt, ehe er sich vor dem Strahl ducken mußte, der über seinem Kopf die Luft zum Sieden brachte. Er ließ das Ducken in ein langes flaches Wegtauchen auslaufen und dann in eine Rolle, die ihn auf Kollisionskurs mit den Knien des letzten männlichen Gegners brachte. Der Kerl verlor das Gleichgewicht, stolperte über Jules und nahm dabei einen Strahlschuß in Empfang, der eigentlich Jules gegolten hatte. Jetzt war nur mehr ein Gegner übrig, eine Frau in mittleren Jahren mit Stahlblick. Sie hielt eine rauchende Strahlwaffe in der Hand.

Waren die Umstände danach, dann konnte Jules galant sein wie der galanteste Höfling. Aber ritterliche Gesten, wie zum Beispiel, auf eine Frau nicht zu schießen, waren nicht am Platze, wenn diese Frau ihn töten wollte. Wieder hob er den Stunner, und gab einen Schuß ab, der die Frau zu Boden sinken ließ, ehe sie die Möglichkeit hatte, ihr Ziel zu korrigieren. Er sah sich hastig um, und vergewisserte sich, daß alle Gegner ausgeschaltet waren. Dann stand er auf und raste hinaus. Seine Schwester hatte vielleicht Beistand nötig.

Bei ihrem Eindringen in den Salon sah Yvette d'Alembert um nichts weniger eindrucksvoll aus als ihr Bruder. Obgleich zehn Zentimeter kleiner und dreißig Kilos leichter, war sie von ähnlich kraftvollem Körperbau. Der graue Hosenanzug betonte hautnah die schönsten Aspekte ihrer sehr weiblichen Gestalt.

Sie bot einen Anblick, der das Auge eines jeden Mannes erfreute – ausgenommen jenes, der ihr im Kampf gegenüberstand.

Sie fand sich fünf Widersachern gegenüber, ausnahmslos männlichen Geschlechtes. Zwei davon setzte sie mit ihrem Stunner sofort außer Gefecht, ehe sie den Strahlschüssen ausweichen mußte, mit denen die anderen sie eindeckten.

Sie fand Deckung hinter einem großen, üppig gepolsterten Sessel und konnte so einem Strahl ausweichen, der sie andernfalls in Brusthöhe getroffen hätte. Den Vorteil der Deckung voll, nutzend, erledigte sie den dritten Gegner, und die übrigen zwei wollten Reißaus nehmen. Der eine wollte durch die Tür hinaus, aber Yvette dachte nicht daran, das zuzulassen. Sie hob den massiven Sessel hoch und schleuderte ihn mit aller Kraft dem flüchtenden Gegner nach. Die Waffe des Mannes brannte ein Loch durch die Polsterung, konnte aber den Gegenstand von der Flugbahn nicht abbringen. Das Gewicht des Sessels drückte den Mann gegen die Wand. Er sank bewußtlos zu Boden.

Yvette hatte sich mit dem Sessel jeglicher Deckung vor den Schüssen des letzten Halunken entledigt. Sie machte eine wilde Drehung, als ein Schuß an ihr vorüberpfiff. Er streifte ihre Waffe und erhitzte den Betäuber so stark, daß Yvette ihn fallenließ. Sie selbst duckte sich hinter ein Kaffeetischchen auf dem verstreut Ziergegenstände standen.

Der letzte Gauner , der seine Gegnerin für unbewaffnet und hilflos hielt, stand nun auf und zielte sorgsam. Diesmal wollte er nicht danebenschießen. Doch er hatte dabei nicht Yvettes Einfallsreichtum und Geschicklichkeit ins Kalkül gezogen. Sie bekam eine kleine Smaragdstatuette auf dem Tisch zu fassen und schleuderte sie kraftvoll und gezielt gegen das Gesicht des Gegners. Das Ding traf ihn in die Kiefergegend. Der Mann fiel rücklings zu Boden, und war endgültig ausgeschaltet.

Yvette rappelte sich eben auf, als ihr Bruder hereinstürzte. Er sah sich um und fragte: »Brauchst du Hilfe?«

Yvette schüttelte den Kopf. »Alles in bester Ordnung. Eine reine Routinesache. Aber wir vergewissern uns jetzt wohl besser, ob dies der gesamte Fang ist.«

Sie machten sich daran, das Haus gründlich zu durchsuchen, stießen jedoch auf keine weiteren Widersacher. Sie gingen wieder hinaus und brachten die nächste halbe Stunde damit zu, die Dienstboten zu fesseln. Sie mußten sich absichern für den Fall daß diese aus ihrer Bewußtlosigkeit erwachten, während das Verhör einen Stock tiefer noch im Gange war. Dann liefen sie zurück und fesselten die im Wohnzimmer und Salon Liegenden. Nun trat eine Wartezeit von beinahe einer Stunde ein, bis die Wirkung der Stunner sich verflüchtigt hatte und sie mit dem Verhör beginnen konnten.

Im Verlauf ihrer letzten Mission waren sie auf Spuren einer ausgedehnten Verschwörung gegen den Thron gestoßen, deren mögliche Folgen nicht abzusehen waren. Herzog Fjodor Paskoi, Beherrscher des Planeten Kolokov, und sein Assistent, Dr. Immanuel Rustin, hatten Roboter geschaffen, die aussahen und sich benahmen wie richtige Menschen. Einen dieser Roboter hatte man als Werkzeug in einer gegen Kronprinzessin Edna gerichteten Verschwörung verwendet, die dank des raschen Eingreifens der d'Alemberts und ihrer Freunde vereitelt wurde.

Jetzt sah sich der Service dem Problem gegenüber, die anderen Roboter aufzuspüren und sie unschädlich zu machen. Leider tappte man bezüglich ihrer Zahl im Dunkeln. Der Herzog samt dem Doktor weilten nicht mehr unter den Lebenden und konnten dem Geheimdienst diesbezüglich keine Informationen mehr liefern. Man fand auch keine Unterlagen darüber, wie diese Roboter aussahen oder wohin man sie geschickt hatte – oder überhaupt darüber, wie ihre Mission lautete. Als einziges stand mit Sicherheit fest, daß es sich um Hochverrat handelte.

Diesen gefährlichen Robotern auf die Spur zu kommen, stellte wahrlich keine beneidenswerte Aufgabe dar, und aus diesem Grund hatte der Chef Jules und Yvette, seine besten Agenten, mit der Untersuchung betraut. Ihr Appetit auf Arbeit war praktisch unstillbar – je schwieriger der Auftrag desto lieber übernahmen sie ihn.

Da Dr. Rustins Genie hinter der Konstruktion der Roboter stand, hatten die d'Alemberts sich vor allem seinen Aktivitäten in den letzten Jahren gewidmet. Sie stießen auf den Umstand, daß er aus keinem besonderen Grund mehrere Reisen zum Planeten Mellisande unternommen hatte. Nach weiteren Nachforschungen entdeckten sie, daß man ihn in Gesellschaft der führenden Köpfe der Verbrecherwelt dieses Planeten gesehen hatte und daß ein Treffen dieser Typen bevorstünde – die beste Gelegenheit, alle Verdächtigen gleichzeitig ins Netz laufen zu lassen. Diese Spur war es, welche die zwei Superagenten in dieser Nacht zu diesem bestimmten Haus geführt hatte.

Nachdem sie ihre Opfer gefesselt hatten, untersuchten die zwei Agenten sie sorgfältig. Yvette bemerkte als erste die Halsketten, die zwei der Gefangenen trugen – kleine integrierte Kreisabschnitte an goldenen Kettchen. »Sieh dir das an«, rief sie ihrem Bruder zu »Mir kommt es so vor, Herzog Fjodor und Dr. Rustin trugen ähnliche Halsketten – die Beschreibung stimmt jedenfalls überein.«

Jules kam näher und begutachtete die Anhänger kritisch. »Absolutement«, sagte er. »Sieht so aus, als hätten wir einen Zusammenhang entdeckt, Wahrscheinlich ist es irgendein zur Identifizierung nötiger Code oder ein Bruderschaftsabzeichen. Wir werden uns jedenfalls auf die beiden Träger der Ketten konzentrieren. Für sie schlage ich Nitrobarb vor, für die anderen Detracin.«

Yvette nickte zustimmend. In ihrem Gürtel trug sie die für Injektionen nötigen Drogen. Beide Mittel waren Varianten eines Wahrheitsserums. Detrazin war das verbreitetere, obgleich ein Mensch der unter dem Einfluß eines Hypnoseblocks stand oder über besonders ausgeprägte Willenskraft verfügte, diesem Mittel Widerstand leisten konnte. Das war bei Nitrobarb nicht der Fall, es war das die stärkste dem Menschen bekannte Wahrheitsdroge. Unter ihrem Einfluß konnte niemand mit der Wahrheit zurückhalten.

Es dauerte zwanzig Minuten, bis das Nitrobarb seine Wirkung voll entfaltete. Während dieser Wartezeit verhörten Jules und Yvette die Gauner, denen man das rascher wirkende Detrazin verpaßt hatte. Sämtliche Aussagen wurden sofort von den Miniaturrecordern der d'Alemberts aufgezeichnet, damit sich die SOTE oder andere Gesetzesorgane dieser Unterlagen künftig bedienen konnten. Dabei wurden mancherlei Themen berührt, und die Agenten förderten genügend Material gegen diese Handlager zutage, um sie für längere Zeit dingfest zu machen – leider aber bekamen sie nur geringe Informationen über jenen Bereich, der sie speziell interessierte. Einige dieser Typen waren Dr. Rustin vorgestellt worden und hatten mit ihm gelegentlich in Gesellschaft auch gesprochen, doch wußten sie entweder wirklich nichts von der Verschwörung, der er angehörte, oder ihr Verstand war durch Blocks gehemmt, die das Detrazin nicht zu durchdringen vermochte.

Mittlerweile aber waren die Hauptopfer der Agenten richtig aufgeheizt und bereit fürs Verhör. Langsam und geduldig holte Yvette, die von den beiden bei Verhören die Erfahrenere war, die Geschichte der Verschwörung aus ihnen heraus – oder zumindest so viel, wie diese Gauner wußten. Es war enttäuschend und quälend gleichzeitig.

Die beiden Männer wußten von dem Roboter-Programm. Sie wußten allerdings nur von vier Robotern, von denen einer von den d'Alemberts bereits unschädlich gemacht worden war. Von den anderen drei Robotern waren zwei weiblich und einer männlich. Der männliche und einer der weiblichen Roboter waren so gebaut, daß sie wie Bewohner eines Planeten mit hoher Schwerkraft, wie DesPlaines, aussahen, doch – als Antwort auf eine scharfe Frage Yvettes – sie waren nicht als Duplikat eines der d'Alemberts gedacht. Jules und seine Schwester stießen einen geheimen Seufzer der Erleichterung aus. Beiden war nämlich der Gedanke gekommen, man hätte ihre Identität entdeckt, und geplant, sie durch eine Fälschung zu ersetzen. Sie waren sehr erleichtert, als sie erfuhren, daß ihre Deckidentitäten noch nicht gelüftet waren.

Keiner der unter Nitrobarb stehenden Männer wußte, was aus den Robotern geworden war, und die Agenten tappten im Dunkeln wie zuvor.

Was die Verschwörung im allgemeinen anlangte, so äußerten sich die Männer ebenso unklar. Sie hatten ihre Anweisungen nicht von Rustin empfangen, der in der Organisation dieselbe

Stufe inne hatte wie sie selbst, sondern von einer Frau, die sie nur als ›Lady A‹ kannten. Sie waren ihr nur einmal begegnet. Ihrer Beschreibung nach war sie eine exquisite Schönheit, aber so kalt wie die Kehrseite eines Asteroiden. Gelegentlich liefen Anweisungen von ihr ein. Sie sollten gewisse Dinge tun, die ihnen reichlich sinnlos erschienen. Doch sie wußten, daß sie den Befehlen bis aufs I-Tüpfelchen nachzukommen hatten, nicht mehr und nicht weniger. Dafür wurden sie bezahlt, und zwar nicht schlecht.

Ja, sagten sie, die Halsketten mit dem Anhänger wären Identifikationszeichen der Verschwörer. Nein, sie wüßten nicht, ob Lady A die gesamte Verschwörung leite oder nicht. Sie konnten sich erinnern, daß Dr. Rustin jemand anderen erwähnte, von dem er Befehle entgegennahm und von dem er als ›er‹ sprach. In diesem Punkt gelangten die d'Alemberts nicht weiter. Sie kamen nicht dahinter, ob der Doktor damit seinen Herrn – Herzog Fjodor – oder jemanden anderen in der Verschwörerhierarchie meinte.

Die gewonnenen Informationen waren eigentlich erbärmlich mager. Aber es war immerhin mehr, als sie bei ihrer Ankunft wußten, und so konnten sie diesen Überfall als Erfolg verbuchen. »Wir brauchen aber noch viel mehr solcher Erfolge, ehe sich halbwegs ein Ergebnis abzeichnet«, bemerkte Yvette sarkastisch.

Sie verließen das Haus auf demselben Weg, auf dem sie hereingekommen waren und kletterten am Seil zum Klippenrand hoch, wo ihr Wagen geparkt stand. Dieses Fahrzeug sah annähernd so aus wie ein schicker Frascati-Sportwagen, war aber in Wirklichkeit ein 41er-Spezial Service-Wagen, der sich in ein Flugzeug verwandeln ließ. Die d'Alemberts hatten ihn benutzt, um an diesen abgelegenen Ort zu kommen und traten damit nun auch den Rückflug an. Während des Fluges nahm Jules mit dem lokalen SOTE-Büro Kontakt auf. Er meldete sich mit seinem Decknamen Wombat und schilderte die Situation in dem Haus, das sie eben verlassen hatten. Der Hinweis auf die Verhör-Tonbänder versetzte die Belegschaft dieser Außenstelle in freudige Erregung, denn man hatte hier schon seit geraumer

Zeit versucht, ein handfestes Material gegen jene Leute zusammenzubekommen. Jetzt konnte man an Hand der Bänder die Herrschaften endlich festnageln – und die Luft auf dem Planeten Mellisande würde für eine ganze Weile reiner sein.

Die d'Alemberts hinterlegten die Tonbänder an einem sicheren Ort und jagten nun zum Raumflughafen, wo ihr eigenes Zwei-Personenschiff, *La Comète Cuivre,* sie erwartete. Der glänzende Schiffsrumpf war für die erschöpften Agenten ein tröstlicher Anblick. Jules fuhr den Wagen die Rampe hoch und parkte ihn in seiner Spezialkoje im unteren Teil des Schiffes. Die beiden stiegen aus. Sie lechzten nach einer Dusche und nach Schlaf. Ihr Nachholbedarf war gewaltig.

Doch sie mußten entdecken, daß Ausschlafen für sie im Moment nicht vorgesehen war. Auf ihrem Nachrichten-Recorder flackerte wütend ein rotes Licht. Yvette, die den Knopf drückte, mußte feststellen, daß die Botschaft vom Chef persönlich stammte und mit der Dringlichkeitsstufe Fünf versehen war. Die Geschwister wechselten beunruhigte Blicke. Stufe Fünf war sehr dringend. Die Nachricht lautete dahingehend, daß sie sich unverzüglich nach ihrer Raückkehr melden und die Privatnummer des Chefs anrufen sollten.

3. Kapitel

Das Mädchen für alles wird vermißt

Sie verdrängten die Müdigkeit in die hintersten Bewußtseinswinkel. Die Anforderungen des Chefs rangierten vor ihren persönlichen Bedürfnissen. Die zwei Agenten machten sich nun an die knifflige Arbeit, einen verschlüsselten Anruf an den auf der Erde residierenden Chef durchzugeben, volle hundertzehn Parsecs weit entfernt.

Der Hyper-Antrieb, von Oliver Fenton Arnold im Jahre 2011 erfunden, hatte die große Auswanderung der Menschheit ins All ermöglicht, die im 21. Jahrhundert stattfand. in den der Erfindung Arnolds folgenden fünfzig Jahren hatten schätzungsweise mehr als eine Milliarde Menschen den Heimatplaneten verlassen und sich auf mehr als fünfhundert verschiedenen Welten angesiedelt, wo es ihnen freistand, ihren verschiedenen Weltanschauungen zu folgen und ihr persönliches Leben nach Belieben zu gestalten.

Hatte Arnolds glänzende Erfindung ihm den Titel ›Türöffner der Galaxis‹ eingetragen, so hatte sich Anna Sieppi durch ihre Entdeckung der subätherischen Kommunikation, kurz Subcom, im Jahre 2027 wahrhaft den Titel ›Stimme des Imperiums‹ verdient. Es war eine schlichte Tatsache, daß keine über den Großteil der Galaxis verstreute politische Gruppierung ohne direkte Kommunikationsmöglichkeit zusammengehalten werden konnte. Und dafür sorgte das Subcom. Obwohl man auch jetzt noch, vierhundert Jahre nach der Erfindung, noch keine Möglichkeit gefunden hatte, diese Errungenschaft billig allen Menschen zugänglich zu machen, war diese Art der Verständigung ein wahres Gottesgeschenk für Regierung, Industrie und Nachrichtenagenturen. Erst die subätherische Kommunikation schweißte die vom Menschen bewohnte Galaxis zu einer zusammenhängenden Einheit zusammen.

Das Schiff der d'Alemberts verfügte trotz seiner geringen Größe über eine komplette Subcom-Einheit. Ein Zusatzgerät sorgte dafür, daß die Nachrichten gemäß dem Geheim-Code des Service ver- und entschlüsselt wurden. Dieser Code wurde durchschnittlich jeden zweiten Monat gewechselt. Der Verschlüssler war Garant für höchste Geheimhaltung bei der Nachrichtenübermittlung zwischen den im Außendienst tätigen Agenten und ihrer Heimatbasis.

Nach zehnminütigem kompliziertem Wählvorgang erhellte sich der Tri-Bildschirm, und das dreidimensionale Bild von Kopf und Schultern ihres Chefs wurde im Inneren der kleinen Box sichtbar. Zander von Wilmenhorst war fast völlig kahl, und die vielen Runzeln ließen ihn älter erscheinen, als er ihm mit seinen achtundvierzig Jahren zukam. Doch ein Blick seiner Augen machte jedem Betrachter schlagartig klar, daß er es mit einem Menschen von scharfer Intelligenz und großer Einsicht zu tun hatte. Als Haupt des Service of the Empire war er der Erste Sicherheitsberater des Kaisers, ein Meistertaktiker der den Frieden zwischen den Sternen erhielt.

Er lächelte, als er die Bilder von Jules und Yvette auf seiner eigenen Bildfläche sah. Seine Miene drückte Herzlichkeit, aber auch Ermüdung aus. »Ich danke euch, daß ihr so promt reagiert«, sagte er.

»Dringlichkeitsstufe Fünf spricht für sich«, erwiderte Jules.

»Das schon, aber ich dachte, ihr steckt knietief in eurem Fall drin, so daß es mit der Antwort ziemlich dauern würde.«

»Eigentlich hatten wir das erste Stadium unserer Ermittlungen hinter uns gebracht«, antwortete Yvette. »Wir brauchen nun eine Weile zur Auswertung und um unsere nächsten Schritte auszuarbeiten. Wir wollten Ihnen ohnehin Meldung er

»Dann tut es, bitte. Meine Angelegenheit kann warten, bis ich erfahren habe, was ihr erreichen konntet.«

Mit größter Genauigkeit, sorgsam darauf bedacht, auch nicht die geringfügigste Tatsache auszulassen, informierten Jules und Yvette ihren Chef über die Ergebnisse ihres Überfalls. Der Chef hörte ihnen schweigend zu, doch konnten sie ihm vom Gesicht ablesen, daß er von der Bedeutung des Gehörten keineswegs erbaut war.

»Diese Verschwörung scheint mir jedem neuen Bericht weiter um sich zu greifen«, sagte er, als seine Top-Agenten fertig waren. »Die Antworten, die ihr bekommen habt, weisen auf völlig neue Dimensionen hin. Und die Tatsache, daß diese Männer nur von vier Robotern wußten, bedeutet noch lange nicht, daß es nicht mehr als vier gibt. Wir haben nun einen Ansatzpunkt, mehr aber nicht. Ein gewisser Verfolgungswahn gehört zu meinem Beruf. Ich muß einfach davon ausgehen, daß die wirkliche Zahl viel höher liegt – bis man mir den gegenteiligen Beweis erbringt.

Macht einen schriftlichen Bericht und gebt ihn sobald als möglich an mein Büro durch. Ich werde dafür sorgen, daß die Computer die Berichte vergleichen. Vielleicht ergeben sich dadurch neue Hinweise für euch. Aber jetzt habe ich etwas anderes für euch – einen ganz persönlichen Auftrag.«

Er machte eine Pause und sah sie eindringlich an. Diesen Blick hatten sie an ihm noch nicht kennengelernt. Langsam sagte er: »Helena ist verschwunden.«

Diese Neuigkeit traf sie wie ein Schock. Die Tochter ihres Chefs stand ihnen beiden sehr nahe. »Was? Wie . . .?«

»Sicher wißt ihr noch, daß ich euch bei eurem letzten Besuch hier sagte, ich hätte sie in Urlaub geschickt. Sie hatte sich zu tief in ihre Arbeit gekniet und dabei total übernommen. Ich redete ihr zu, sie solle sich ein paar Wochen entspannen.

Zunächst hörte ich fast täglich von ihr. Sie rief mich an und sagte mir, daß sie unter Schuldgefühlen litte, weil sie mich hier im Büro allein hatte sitzenlassen – und um der Wahrheit die Ehre zu geben, sie hatte das Büro besser in Schwung, als ich es je haben könnte. Aber nach zwei Wochen war es Schluß mit den Anrufen. Ich war der Meinung, sie genösse endlich uneingeschränkt ihre Ferien, und machte mir weiter keine Sorgen. Doch nach zwei Monaten ohne ein Wort von ihr gewann die väterliche Sorge die Oberhand.

Ich stellte zunächst auf eigene Faust Nachforschungen an. Ihre letzte Kontaktnahme war vom Planeten Evanoe aus erfolgt. Zufällig hatte sich gleichzeitig Marask Kantana auf diesem Planeten aufgehalten. Ich rief sie daher an und fragte, ob sie etwas wüßte. Ihr erinnert euch sicher an Sie?«

Ja, sie konnten sich gut erinnern. Bei ihrer ersten Begegnung war Marask Kantana die Chefin des Service auf dem Planeten Chadakha gewesen. In dieser Position hatte sie sich so bewährt, daß sie zur persönlichen Beauftragten des Chefs in Krisenfragen aufrückte. Ihre Aufgabe war es, Kontrollfahrten zu unternehmen und womöglich auftauchende Probleme zu erkennen, ehe sie sich zu Krisen auswuchsen.

»Aber sicher«, antwortete Jules auf die Frage des Chefs. »Wie geht es ihr?«

»Gut. Sie macht sich tadellos auf ihrem neuen Posten und hat bereits mehrere kleine Probleme aufgedeckt, die wir im Keime ersticken konnten, bevor sie zu Krebsgeschwüren ausuferten. Bei Helenas Eintreffen auf Evanoe verfaßte sie eben einen Bericht über diesen Planeten. Die beiden gingen am Tag von Helenas letztem Anruf zusammen essen, und Kantana besprach das vorliegende Problem mit ihr. Sie berichtete mir, Helena wäre überaus interessiert gewesen und hätte sie um weitere Einzelheiten bedrängt – und da Helena zu meinen engsten Mitarbeitern gehört, erzählte sie ihr alles.

Und an diesem Punkt fiel mir ein, was ihr mir bei eurem letzten Besuch verraten habt – daß Helena sich im Außendienst bewährren wolle und nach dem sogenannten Glanz des Spionage-Glücksspiels strebe, weil sie die simple Büroarbeit satt hätte.«

»Und Sie glauben nun, sie hätte es sich in den Kopf gesetzt, den Fall selbst zu bearbeiten«. Yvettes Ton machte aus dieser Frage eher eine Feststellung.

»Genau. Ich glaube, sie wollte ihrem armen alten Vater beweisen, daß sie zu mehr imstande wäre, als nur die supertüchtige Sekretärin zu mimen«. Er seufzte. »Manche Menschen wollen einfach nicht bei ihrem Leisten bleiben – auch wenn sie dabei auf die Nase fallen.«

»Wie steht es mit ihrer Ausbildung?« fragte Jules.

»Sie hat die Akademie mit guten Noten durchlaufen, ist also in der Theorie ziemlich sattelfest. Sie hat auch viel Übung im Umgang mit Waffen, so daß sie den meisten Situationen gewachsen ist. Im Rahmen des 1000-Punkte-Tests erreichte sie 948 Punkte, verfügt also über die nötige Intelligenz. Dafür mangelt es ihr völlig an praktischer Erfahrung. Sogar ihr hattet bei eurem ersten Auftrag – damals gegen Banion – mehr Ahnung, weil ihr durch das Zusammenleben mit eurer Familie allein vom Zuhören her schon viel mehr mitbekommen habt. Außerdem ist euer Vater ein ausgezeichneter Lehrer. Wäre er mir in seiner jetzigen Position nicht so teuer, würde ich ihn mit der Leitung der Akademie betrauen, damit unsere Agenten die bestmögliche Ausbildung bekommen.

Helena jedenfalls hat nicht die nötige Erfahrung, um mit einem Fall dieser Größenordnung fertigzuwerden. Sie hat natürlich jede Menge Berichte über das Verhalten von Agenten in Krisensituationen gelesen – aber über jemanden anderen zu lesen, ist die eine Sache, und selbst richtig zu reagieren, eine ganz andere. Das ist es ja, was mir Sorge macht – Helena ist für diesen Job noch zu unerfahren.« Er schüttelte bekümmert den Kopf. »Das und die Tatsache, daß ich sie hier brauche. Mir entgleitet die Detailarbeit, ich mußte drei Mitarbeiter für ihren Job einsetzen. Für den Außendienst habe ich ausreichend Agenten. Ich brauche jedoch jemanden, der das Büro in Schuß hält.«

»Wenn ich Sie recht verstehe«, sagte Yvette, »wollen Sie, daß wir sie ausfindig machen, ihr die Leviten lesen und sie nach Hause schaffen.«

»Sie ausfindig machen, ja – einige meiner zweitrangigen Agenten haben es versucht und sind gescheitert. Deswegen behellige ich euch mit meinen Problemen. Doch das übrige – nun ja, praktische Fronterfahrung kann ihr nicht schaden, da ich sie als meine Nachfolgerin ausbilde. Sie soll ruhig wissen, wie es draußen im Universum zugeht. Sie wird dann die Probleme ihrer Agenten viel besser verstehen können. Aber ich muß sichergehen, daß sie nicht bis über den Kopf in Schwierigkeiten steckt, schließlich ist sie in 99 Prozent aller Vorgänge innerhalb unserer Organisation eingeweiht. Gerät ihr Wissen in falsche Hände, könnte es unseren Ruin bedeuten – wenn wir über ihren Aufenthalt im unklaren sind, bedeutet das einen ernsten Verstoß gegen die Sicherheitsbestimmungen. Besonders deswegen, da sie eure wahre Identität und die Rolle des Zirkus als unser Werkzeug kennt.«

Die zwei Agenten nickten. Nur eine Handvoll Menschen außerhalb des Zirkus wußte über die Beziehung des Zirkus zur SOTE Bescheid. Die Geheimhaltung ging hier so weit, daß die Verbindung von Zirkus und SOTE in keiner der riesigen Datenbänke des Imperiums gespeichert war. Der Zirkus war die allerletzte Waffe der SOTE im Kampf gegen Verschwörung und Verrat – und Helena war eine der wenigen, die davon wußten. Fiel diese Information in falsche Hände, dann wurde eine Jahrhunderte dauernde Zusammenarbeit zunichte.

»Ich möchte«, fuhr der Chef fort, »daß ihr euch nachdem ihr sie gefunden habt, davon überzeugt, ob sie fähig ist, mit der Situation fertigzuwerden. Wenn alles glatt läuft, laßt sie in Ruhe. Es kann ihr nicht schaden. Sollte sie Hilfe brauchen, dann versagt sie ihr nicht – ihr seid meine besten Agenten. Und sollte ihr die Sache über den Kopf wachsen, dann schafft sie schleunigst hierher. Damit wäre das Wichtigste gesagt.«

Doch die Agenten lasen in seiner Miene mehr. Seine Worte waren die eines um seine Mitarbeiterin besorgten Chefs. Doch in seinen Augen stand deutlich die verzweifelte Besorgnis eines Vaters um seine Tochter. Vergewissert euch, daß sie in Sicherheit ist, daß sie lebt, flehte sein Blick. Sorgt, daß es so bleibt!

»Marask wird euch das vorliegende Problem erläutern«, sagte er. »Sie kann euch in alle Einzelheiten einweihen, viel besser, als ich es könnte, weil sie näher dran ist und den Fall schon länger bearbeitet. Ihr erreicht sie im SOTE-Hauptquartier auf Evanoe. Sie erwartet euren Besuch und hat den Bericht fertig ausgearbeitet.«

Yvette hätte ihrem Chef am liebsten beruhigend die Hand gedrückt und ihm gesagt, daß sich alles zum Besten wenden würde. Das war leider über eine Entfernung von über hundertzehn Parsecs nicht möglich, deswegen begnügte sie sich mit den Worten: »Wir werden unser Bestes tun, Sir.«

»Ich weiß«, erwiderte er mit einem Lächeln. »Ich danke euch.« Er unterbrach die Verbindung, und die Bildfläche verblaßte allmählich und zeigte schließlich blankes Schwarz.

*

Yvette bereitete in der kleinen, aber praktisch eingerichteten Schiffskombüse einen Imbiß, während Jules sich an den Schaltungen des Subcom abmühte und versuchte, eine Verbindung mit Marask Kantana auf Evanoe herzustellen. Das war nicht einfach, weil die persönliche Beauftragte des Chefs unter keiner ständigen Nummer zu erreichen war. Dazu kam, daß es auf Evanoe noch Nacht war und das diensthabende Personal sich reichlich Zeit ließ.

Den Ausschlag bei der Überwindung von schläfriger Büroroutine gab schließlich die Nennung seines und des Code-Namens seiner Schwester: Wombat und Periwinkel. Diese Namen besaßen innerhalb des Service legendären Ruf. Es gab keinen SOTE-Mitarbeiter, der nicht bei Eintreffen einer Anweisung eines der beiden Agenten sofort alles andere liegen und stehen ließ. Seine Worte erzielten daher sofortige Wirkung, obwohl er den Sicht-Transmitter nicht einschaltete. Alles in allem dauerte es zwanzig Minuten, bis die Verbindung mit der schlaftrunkenen Kantana hergestellt war.

Yvette servierte eben das Essen im Kontrollraum, als Marask Kantanas Gesicht auf der Bildfläche erschien. Sie war offensichtlich aus dem schönsten Schlaf gerissen worden. Das dunkelhäutige Gesicht war ungeschminkt und ließ sie älter erscheinen, als es ihr als Mittvierzigerin zustand. Das schwarze, mit grau durchsetzte Haar, hing wirr herunter, die teilnahmsvollen braunen Augen waren getrübt vom Schlaf. Aber sogar unter diesen Umständen wurde die Schönheit ihrer Seele sichtbar. »Seid gegrüßt«, sagte sie gemessen. »Der Chef sagte mir, ich solle euren Anruf erwarten, aber ich hatte ja keine Ahnung, daß es so rasch sein würde.«

»Wir glauben an schnelle Reaktion«, meinte Yvette. »Schön, Sie wiederzusehen.«

»Ich wünschte, ich könnte dasselbe sagen – aber mir ist klar, warum es unmöglich ist.« Im Moment konnte sie die beiden Agenten nämlich nicht sehen. Die d'Alemberts wollten auf einem möglicherweise unsicheren Kanal die Sichtübermittlung nicht einschalten, und waren somit nur hörbar. Der Anruf war selbstverständlich verschlüsselt.

»Man hat uns davon verständigt, daß das Mädchen für Alles als vermißt gemeldet ist«, sagte Jules und schnitt damit den Austausch weiterer Floskeln ab. »Wir müssen nun Ihre Version kennenlernen – der Chef meinte, sie könnten uns Hinweise geben.«

Marask nickte. »Als ich mit ihr vor zwei Monaten essen ging, berichtete ich ihr von dem ungewöhnlichen Fall, den ich eben überprüfte, und sie löcherte mich daraufhin mit allen möglichen Fragen. Ihr beide werdet den Fall vielleicht faszinierend finden, weil es sich um das Verschwinden vieler Menschen handelt.«

Yvette und Jules sahen einander erschrocken an. Bei dem Fall, den sie auf Vesa aufgeklärt hatten und in dessen Verlauf sie Marask kennenlernten, hatte es sich um einen Mord- und Raubring gehandelt, der für das Verschwinden von Hunderttausenden von Menschen während zweier Jahrzehnte verantwortlich war. »Hat sich am Ende jemand Garsts alte Masche zu eigen gemacht, und alles fängt von neuem an?« fragte Jules.

Marask schüttelte den Kopf. »Nein, hier wird nach völlig anderen Spielregeln vorgegangen. Damals auf Vesa verschwanden die relativ anonymen Opfer nach keinem bestimmten Schema. Außerdem beschränkten sich die Verbrechen auf einen einzigen Satelliten. Bei diesem neuen Fall aber liegen mir Beweise vor, daß es um mindestens zwei Dutzend Welten geht. Das Schema ist festgelegt, und die Menschen, die hier verschwinden, sind ziemlich berüchtigt und werden dringend gesucht.

Kurz gesagt, die führenden Verbrecher in diesem Bereich des Weltraumes verschwinden plötzlich nacheinander. Ich spreche jetzt nicht von kleinen Dieben und Gaunern, sondern von den führenden Köpfen – Bandenchefs, Bankräubern, die wirklich große Dinge gedreht haben, korrupte Politiker, denen die Untersuchungsausschüsse zu nahe auf den Pelz gerückt waren – diese Sorte, und dazu noch ein paar unbedeutendere Gefolgsleute. Jedesmal, wenn die Polizei die Falle zuschnappen lassen will, verschwinden sie spurlos. Geschähe dies auf nur wenigen Welten, wäre es zwar seltsam, aber kaum weiter bemerkenswert. Doch ich mußte wie gesagt, diese Entdeckung auf siebenundzwanzig verschiedenen Planeten unter ähnlichen Umständen machen. Es gehört zu meinem Beruf, einzelne Punkte miteinander in Beziehung zu setzen und das ihnen zugrundeliegende Schema aufzudecken. In diesem Fall stinkt es mir wie fauler Abfall.«

»Und Ihre Schlußfolgerungen?« fragte Jules.

»Ganz einfach: eine Person oder Organisation macht ein Geschäft daraus, Flüchtlinge im interstellaren Rahmen zu verstecken. Dabei werden die Flüchtlinge nicht einfach von einem Planeten zum anderen bugsiert. Das wäre der Polizei nicht entgangen. Nein, die ›Verschwundenen‹ werden irgendwohin geschafft und unserem Zugriff entzogen«.

»Das bedeutet also«, sagte die zwischen den Zeilen des Berichtes lesende Yvette, »daß sich irgendwo eine ganze Kolonie von Dieben, Mördern, Betrügern und allgemeinen Tunichtguten etabliert hat. Sicher macht es sich gut bezahlt, wenn man diesen Typen eine Zuflucht bietet, aber trotzdem frage ich mich, ob dabei nicht auch ein übergeordnetes Motiv mitspielt.«

»Genau das dachte ich mir auch«, bemerkte Marask.

»Man stelle sich vor«, sagte Yvette nachdenklich. »Eine Kolonie der erfolgreichsten Verbrecher dieses Teils der Galaxis. Das ideale Rohmaterial für eine Verschwörung, die mehr will, als mit Gesetzesübertretungen ein wenig Profit zu machen.«

»Ein idealer Nährboden für Hochverrat«, gab Jules ihr recht. »Eine Möglichkeit, die wir nicht übersehen dürfen. Wie unser Chef ganz richtig bemerkte, werden wir dafür bezahlt, daß wir uns einem gewissen Verfolgungswahn hingeben.«

»Und ich kann mir gut vorstellen, wie gelegen dies dem Mädchen für Alles war«, fuhr Yvette fort. Sie achtete darauf, Helenas Identität nicht durch Nennung ihres Namens über Subcom zu lüften. »Indem sie sich als flüchtige Verbrecherin ausgab, wurde ihr Asyl gewährt, wo immer dieses Asyl liegen mag. Dort angekommen, wird sie versuchen, soviel als nur möglich in Erfahrung zu bringen. Sodann wird sie sich aus dem Staube machen und die neuen Erkenntnisse im Hauptquartier melden.«

»Falls ihr ein Entkommen glückt«, sagte Jules. »Gewiß ist Sicherheit der wichtigste Belang innerhalb dieser Organisation. Mit den richtigen Verbindungen ist es ihr vielleicht geglückt hineinzukommen, aber wieder herauszukommen, ist etwas ganz anderes. Sie sitzt vielleicht in einer Falle und kann sich nicht rühren.«

Kantana nickte. »Ja, so ungefähr könnte ich mir ihre Lage vorstellen. Ich wußte ja nichts von ihrem Verschwinden, bis der Chef mich vor einigen Tagen anrief. In Anbetracht der Hartnäckigkeit, mit der sie mich ausfragte, kann ich mir gut vorstellen, was da passierte.«

Das Gespräch dauerte eine ganze Stunde. Die d'Alemberts quetschten die Sicherheitsbeauftragte nach allen Einzelheiten über die Vermißten aus. Als sie sich schließlich damit zufrieden gaben, alles erfahren zu haben, was amtlicherseits bekannt war, bedankten sie sich bei Marask und gaben ihr den Rat, sich weiter keine Sorgen zu machen – von nun an hätten sie die Angelegenheit in der Hand.

»Unser Rat ist wahrscheinlich in den Wind gesprochen«, sagte Yvette, als die Züge der Frau allmählich auf dem Bildschirm verblaßten. »Ein guter Agent sorgt sich, bis der Fall erledigt ist – und Marask ist eine hervorragende Agentin.»

»Ich weiß«, meinte Jules. »Und Gründe für Besorgnis liegen haufenweise vor. So wie sie uns den Fall beschrieb, muß eine Gruppe ausgekochter Professionals dahinterstecken. Die haben sicher jedes Risiko ausgeschaltet. Sollte Helena ihnen auch nur den leisesten Verdachtsgrund liefern, töten sie sie auf der Stelle. Sie haben sich einige der talentiertesten Verbrecher der Galaxis als Mitarbeiter geangelt, die nicht zögern werden, ihre Interessen zu schützen. Besonders dann, wenn sie für die Zukunft noch größere Pläne auf Lager haben, wie wir vermuten.«

»Wir müssen daher einen Weg finden, in diese Organisation einzudringen, um Helena zu finden. Es liegt auf der Hand, daß wir uns als Gesetzesbrecher ausgeben müssen, damit das Interesse der maßgeblichen Leute erregt wird.«

»Wir müssen nicht nur so tun, als ob«, berichtigte Jules sie. »Wir müssen tatsächlich zu Verbrechern werden und uns ein ansehnliches Sündenregister zulegen. Wenn wir uns bei hellichtem Tag in die Höhle dieses speziellen Löwen wagen, darf unsere Geschichte keine verräterischen Lücken aufweisen.«

»Das klingt zwar reichlich unklar, aber ich kann mir schon denken, worauf du hinauswillst. Man wird uns eingehend unter die Lupe nehmen. Wenn wir eine Flucht inszenieren, muß unser Sündenregister hieb- und stichfest sein.«

Beide waren von dem an jenem Abend durchgeführten Überfall reichlich erschöpft, und wußten doch, daß sie keine Ruhe finden würden, bevor sie nicht wenigstens in großen Zügen die Rettungsaktion geplant hatten. Die folgenden drei Stunden verbrachten sie mit dem Wälzen von Plänen, verwarfen unbrauchbare Ideen und feilten die guten aus, bis endlich ein Angriffsplan im Geiste Gestalt annahm.

Erst dann gönnten sie sich ein paar Stunden tiefen Schlafes, ehe sie zu ihrem neuen Bestimmungsort aufbrachen, der mehr als zweihundert Parsecs weit weg in einem ganz anderen Teil der Galaxis lag.

4. Kapitel

Die Fassadenkletterer von Cordoba

Der Planet Cordoba galt als relativ wohlhabend. Die Bevölkerung von mehr als neunhundert Millionen lebte über drei große Kontinente verteilt. Von Überbevölkerung und ihren üblen Folgen konnte also keine Rede sein. Große Flächen fruchtbaren Landes wurden landwirtschaftlich genutzt, daneben blieb aber noch viel Raum für unberührte Wildnis. Die Industrie war hochentwickelt und machte den Planeten unabhängig, hatte sich jedoch noch nicht zu einer Belastung für die Umwelt entwickelt. Es gab keine Städte mit mehr als zwei Millionen Einwohnern, und nur vierunddreißig Städte auf dem ganzen Planeten wiesen mehr als eine Million auf.

Natürlich hatten auch die Menschen auf Cordoba mit Problemen zu kämpfen, sie waren jedoch im großen und ganzen mit ihrem Los zufrieden. In den Unterlagen des Service wurde Cordoba als stabiler Planet geführt, der keine bedrohliche Gefahrenherde aufwies.

Avila, die Hauptstadt, wurde von einer Baronin regiert. Obgleich ihr Rang in der Adelshierarchie eigentlich der niederste war, übte sie als Herrscherin einer Hauptstadt einen Einfluß aus, der über ihren Titel weit hinausging. Dazu kamen Steuereinnahmen, um die sie viele Earls, die größere Gebiete unter sich hatten, beneideten. Die Baronin von Avila gehörte zu den Reichsten auf ganz Cordoba.

Als Frau von Geschmack und Kultur legte sie ihr Geld mit Vorliebe in Kunstwerken und Schmuck statt in Unternehmungen geschäftlicher Art an. Sie besaß eine einzigartige Kollektion erlesene Smaragd- und Goldgeschmeide, einschließlich einer zehnteiligen Garnitur, nach ihren Wünschen gefertigt, mehr als dreitausend Karat schwer. Dazu kam eine eigene Galerie, mit einer kompletten Sammlung von Miniaturen des berühmten Künstlers Mastrovnaya – insgesamt siebzehn Exponate, die einen gewaltigen Versicherungswert darstellte. Ihr Landsitz, Casa Avila, gehörte zu den Sehenswürdigkeiten des Planeten.

An jenem besonderen Abend, acht Tage nach dem Gespräch des Chefs mit den d'Alemberts, weilte die Baronin außer Haus und nahm an einer Wohltätigkeitsveranstaltung teil. Um die Sicherheit ihres Besitzes brauchte sie sich keine Sorgen zu machen, denn Casa Avila wurde mittels einer vielfachen elektronischen Sicherung und einer Armee von Wachen geschützt. Juwelen und Kunstgegenstände waren gegen Diebe gut gesichert – doch ein gewisses Agentenpaar hätte sich nicht einmal von einer mit Waffen bestückten Festung abhalten lassen.

Die glatte Metallwand, die den Besitz umgab, war vier Meter hoch und mit Elektrizität von so hoher Spannung geladen, daß es selbst die stärkste Konstitution diesen Stößen nicht gewachsen war. Die zwei SOTE-Agenten in schwarzen Lederanzügen, auf dem Kopf schwarze Satinkappen, kamen aus dem kleinen, dem Besitz der Baronin benachbarten Wäldchen auf die Mauer zugerast. Knapp davor beugten sie die Knie und sprangen gleichzeitig los. Beide Körper flogen in hohem Bogen über die Mauer und landeten, trainierte Akrobaten, die sie waren, weich auf der anderen Seite, indem sie den Sprung abfederten und den Restschwung zu einer Rolle nach vorne ausnützten, sodann in einer einzigen fließenden Bewegung wieder auf die Beine kamen und weiterliefen. Das alles wirkte ganz lässig, und doch brachten sie pro Sekunde etwa fünfzehn Meter hinter sich.

Sie hatten für das Überspringen der Mauer eine vom Haus möglichst weit entfernte Stelle ausgewählt, weil zu erwarten stand, daß die Posten dort nicht so dicht gesät waren. Leise und blitzschnell bewegten sie sich durch die Finsternis und hatten in weniger als einer Minute eine Seite des Hauptgebäudes erreicht. Bislang waren sie wie Schemen durch die Nacht gehuscht und unentdeckt geblieben.

Vorsichtig suchten sie die Hauswand ab und hielten Ausschau nach einer geeigneten Einstiegsmöglichkeit, immer auf der Hut vor eventuell auftauchenden Wachen. Im ersten Stock konnten sie ein Fenster mit vorragendem Fensterbrett ausmachen, für ihre Zwecke wie geschaffen. Während Jules unter dem Fenster breitbeinig Aufstellung nahm, ging Yvette etwa zehn Meter zurück und kam sodann mit Höchstgeschwindigkeit auf ihn zu. Sie sprang los, und er ging in die Hocke. Yvette in den gewölbten Händen auffangend, richtete er sich auf und stieß sie mit aller Kraft nach oben. Seine gestählten und an die dreifache Erdschwerkraft angepaßten Muskeln schleuderten sie mit Leichtigkeit hoch, so daß sie mit einem einzigen festen Griff am Fensterbrett Halt fand. Nachdem sie sich vorsichtig vergewissert hatte, daß der Raum dahinter leer war, entnahm sie ihrem Gürtel einen Haltegriff und brachte ihn mit einer Hand seitlich am Fenster an, während sie sich mit der anderen am Fensterbrett festhielt. Der Haltegriff war eine einfache, mit zwei Saugnäpfen an der Wand haftende Metallstange. Sodann brachte sie den zweiten Haltegriff auf der anderen Fensterseite an und befestigte nun zwischen diesen Vorrichtungen einen starken Gurt. Sie zog sich hoch und hatte nun eine Rückenstütze, gegen die sie sich wie ein Fensterputzer lehnte, während sie sich der heiklen Aufgabe widmete, die elektrische Alarmanlage außer Funktion zu setzen und das Fenster zu öffnen.

Jules harrte unterdessen im Hausschatten an der Grundmauer aus. Seine scharfen Augen überflogen ununterbrochen die Szenerie nach Anzeichen dafür, daß man ihre Anwesenheit entdeckt hatte. Die mondlosen Nächte auf Cordoba waren fast undurchdringlich finster. Plötzlich hörte er ein rasch von links sich näherndes Zischen und feuerte rein instinktiv seinen Stunner gegen den mutmaßlichen Angreifer. Ein leiser Schnapplaut ertönte, und das Wesen brach zusammen. Jules wagte es und entfernte sich eine Sekunde lang von der Hauswand, um nachzusehen, was es war.

Er betastete das dunkle Häufchen vor sich mit den Händen und merkte, daß er es mit einem Wesen von der Größe eines großen Hundes zu tun hatte. Das Fell jedoch fühlte sich so gar nicht hundeartig an. Im Tiermaul starrte eine Doppelreihe scharfer Zähne. Jules überlief ein Schaudern bei dem Gedanken, was ein solches Tier einem ahnungslosen Opfer antun konnte. Er zweifelte nicht daran, daß es sich um eine Art wachehaltendes Tier handelte. Ein Glück, daß es stumm zu sein schien. Seine Aufgabe war offenbar weniger das Krachschlagen. Vielmehr sollte es den Eindringling angreifen und ihn unschädlich machen oder töten, noch ehe er wußte, wie ihm geschah. Jules Stunner stand auf Stufe drei, einer zwanzig Minuten dauernden Betäubung für ein menschliches Wesen. Weil dieses Tier hier jedoch kleiner war als ein Mensch, würde es wahrscheinlich länger bewußtlos bleiben. Jules wollte sich vor weiteren Exemplaren dieser Gattung in acht nehmen. Die Vorstellung, wie diese Zähne sich in seine Waden verbissen, war keine angenehme.

»Bei dir alles in Ordnung?« Yvettes Stimme hallte in seinen Ohren. Beide waren mit Mini-Empfängern und empfindlichen Kehlmikrophonen ausgerüstet, die ihre leisesten Äußerungen an den anderen übertrugen. »Ich hörte ein Stunner-Surrer.«

»Ich traf damit das hiesige Gegenstück eines Wachhundes. Die Biester sind zwar nicht laut, aber bissig, sei also vorsichtig.«

»Das Fenster ist erledigt«, meldete Yvette Sekunden später. Sie drückte es auf, kletterte ins Haus und ließ dann für ihren Bruder ein Seil hinunter. Eine halbe Minute, und er stand neben ihr im Hausinneren.

Jules und Yvette besaßen gegenüber normalen Fassadenkletterern den Vorteil, daß sie das Haus von einem früheren Besuch her bereits kannten. Vor sechs Jahren hatte der Zirkus auf Cordoba gastiert und man hatte sie als zwei der Spitzenstars eingeladen, die Sammlung der Baronin zu besichtigen. Damals hätten sie es sich nicht träumen lassen, daß dieses Erlebnis einst für sie von praktischem Nutzen sein würde.

Sie gingen an die Zimmertür und öffneten sie einen winzigen Spalt breit. Der Gang war hellerleuchtet und wurde vermutlich im Abstand von wenigen Minuten von Wachen patroulliert. Beide Agenten hatten ihre Stunner auf drei, nämlich auf eine zwanzigminütige Betäubung, eingestellt. Das war die humanste Art, mit dem Gegner fertigzuwerden. Sie wollten niemanden verletzen, wenn es sich vermeiden ließ. Ein Posten, der sich ihnen in den Weg stellte, würde ein kleines Nickerchen machen und sich danach ein wenig benommen fühlen, andere Nebenwirkungen waren nicht zu erwarten. Zwanzig Minuten, mehr brauchten sie nicht zur Erfüllung ihrer Aufgabe.

Auf ein Signal von Jules hin, stieß Yvette die Tür weit auf, und die zwei d'Alemberts stürzten hinaus in den Korridor. Ihrer Abmachung gemäß hielt Yvette direkt auf die Juwelen zu, während ihr Bruder den Weg zur Miniaturensammlung einschlug.

Als Yvette um eine Ecke bog, und die Treppe hinunterlaufen wollte, traf sie mit einem Wächter zusammen. Der Erschrockene hatte gar keine Zeit für irgendeine Reaktion, denn Yvettes Superreflexe hatten bewirkt, daß sie blitzschnell den Stunner abfeuerte. Der Mann sank lautlos zusammen, und Yvette lief weiter, ohne ihr Tempo herabzusetzen.

Die Tür zum Juwelenzimmer wurde von einem Doppelposten bewacht, doch keiner dieser Recken kam dazu mehr als bloßes Erstaunen zu verspüren, als Yvette blitzartig in Sicht kam und ihr Stunner wieder zweimal surrte. Im Rauminneren wurden zwei weitere Wächter ebenso zwanglos und rasch überwältigt. Diese Männer waren sicher sehr tüchtig in ihrem Beruf, doch wurden sie von jemandem überrumpelt, mit dessen Reaktionsvermögen sie es nicht aufnehmen konnten.

Die Smaragdsammlung war in drei getrennten Schaukästen aus ›Diamant‹-Kristall ausgestellt, und jeder dieser Kästen war durch ein eigenes Alarmsystem gesichert. Yvette benötigte volle zehn Minuten, alle diese Anlagen außer Funktion zu setzen, doch sie schaffte es schließlich, und die Juwelen warteten nur darauf, von ihr eingsammelt zu werden. Nachdem sie den superharten Kristall mit ihrer speziell behandschuhten Faust eingeschlagen hatten, raffte sie die kostbaren Steine in einen Samtbeutel zusammen. Sodann lief sie den Weg, den sie gekommen, wieder hinaus. Auf ihrem Rückweg traf sie auf keinerlei Widerstand.

Von Ihrem Bruder keine Spur, doch waren sie übereingekommen, nicht aufeinander zu warten. Mit drei weitausholenden Sätzen hatte sie den Raum, durch den sie eingedrungen war, durchquert, und nahm am Fenster Aufstellung. Sie spähte vorsichtig hinaus und glaubte unten an der Hauswand etwas zu sehen. Eingedenk der Warnung Jules', sie solle sich vor den Wachhunden hüten, gab sie einige Schüsse in die Dunkelheit ab. Ein leises Aufseufzen, als Zeichen, daß sie getroffen hatte. Yvette band sich den Beutel mit dem Diebsgut fest um die Taille und ließ sich am Seil hinunter zur Erde. Kaum spürte sie festen Boden unter den Füßen, lief sie auch schon los, auf den nächstgelegenen Teil der Mauer zu. Jetzt hatte das Entdecktwerden nur mehr untergeordnete Bedeutung, Schnelligkeit war wichtiger. Sie traf auf keinen Widerstand und schaffte den Sprung über die Mauer mit gleicher Leichtigkeit wie vorhin. Dann lief sie auf die Stelle zu, wo er Wagen der d'Alemberts stand – in einer schmalen Seitenstraße, bereits mehr als einen Kilometer vom Besitz der Baronin entfernt.

Jules war noch nicht zur Stelle, doch das hatte sie erwartet. Die Bilder, die er mitgehen lassen wollte, waren nicht so einfach zu transportieren wie ihre Juwelen, außerdem hatte er sicher zu Neutralisierung der Alarmeinrichtunger länger gebraucht. Yvette wartete geduldig, bis endlich nach sieben Minuten Jules gelaufen kam. Yvette startete den Motor, als ihr Bruder mit einem Satz in den Wagen sprang, und innerhalb weniger Sekunden hatte ihr ›Wagen‹ abgehoben und flog mit Höchstgeschwindigkeit zurück zum Raumflughafen.

Jules bedachte seine Schwester mit einem flüchtigen Lächeln. »Wir könnten einander ruhig zu unserem Erfolg beglückwünschen«, sagte er.

»Wenn wir es nicht tun, wer dann?« Yvettes Ton ließ Schlüsse auf ihre heitere Stimmung zu. Der Gedanke an einen erfolgreich erledigten Fall gab ihnen beiden Auftrieb.

Jules lehnte sich im Sitz zurück und verschränkte die Finger hinter dem Kopf. »Teure Schwester, ich glaube, wir werden es in dieser Gegend noch zu Berühmtheit bringen.«

Jules Voraussage erwies sich als gewaltige Untertreibung. Die Story von den tollkühnen Einbrechern, welche die Baronin um ein Vermögen an Schmuck und Kunstgegenständen erleichtert hatten, verbreitete sich wie ein Lauffeuer bei der Boulevard-Presse. Überall konnte man die Einzelheiten des Verbrechens nachlesen, die Nachrichtenagenturen griffen die Neuigkeit begierig auf und verbreiteten sie in einigen der benachbarten Sternensysteme. Innerhalb von vierundzwanzig Stunden waren die Fassadenkletterer von Cordoba ein Begriff für alle, die auf den nächsten fünf Planeten lesen oder Nachrichten hören konnten.

Aber Jules und Yvette ruhten sich keineswegs auf ihren Lorbeeren aus. Nachdem sie ihren Ruf derart gefestigt hatten, begingen sie eine Reihe von Einbrüchen, die ebenso erregend verliefen wie der erste. Sie ließen dabei die Finger von der Aristokratie und beschränkten ihre Fischzüge auf reiche bürgerlicher Herkunft. Die Ausbeute war geringer, aber das spielte für sie keine Rolle. Wichtig war, daß der Risikofaktor bedeutend verringert wurde. Darum sollten sie sich schließlich der Gefahr aussetzen, zufällig gefangen zu werden, noch ehe sie mit der richtigen Arbeit begonnen hatten?

Es schwirrte nur so von Spekulationen über diese trickreichen Verbrecher. Wiederholt wurde darauf hingewiesen, daß die Diebe auf ihrer Beute sitzenbleiben würden, da die Stücke leicht zu identifizieren waren und die Polizei sorgfältig alle bekannten Fluchtmöglichkeiten überwachte. Diese Einzelheit war den zwei SOTE-Agenten völlig gleichgültig. Sobald sie ihre Absicht erreicht hatten, wollten sie es so arrangieren, daß die Beute unversehrt wieder gefunden wurde. Nur die Identität der Diebe würde nie entdeckt werden.

Die Nachtstunden verbrachten sie mit der Ausführung ihrer Verbrechen, Nachmittage und frühe Abendstunden wurden jedoch dazu verwendet eine andere Phase ihres Planes auszuführen. Sie mußten mit der örtlichen Unterwelt in näheren Kontakt kommen und mußten insbesondere herausfinden, wo und wie sie an einen »Fluchthelfer« herankommen konnten, wenn erst die Zeit reif war.

Um die Wirkung zu verdoppeln, trennten sie sich und besuchten die verschiedenen Lokalitäten allein. Jules hielt sich an die Bars, die ihm persönlich ein Greuel waren, denn wie alle Bewohner seines Heimatplaneten war er gegen Alkohol allergisch und hielt sich lieber an andere Getränke. Doch versuchte er seiner Pflicht klaglos nachzukommen.

Nach Ablauf einer Woche gehörte er bereits dazu. In diesen Lokalen sah man immer wieder dieselben Gesichter. Aus belauschten Gesprächsfetzen konnte er sich zusammenreimen, wer in welche ungesetzlichen Aktivitäten verwickelt war. Mit einigen der vielversprechendsten Kandidaten knüpfte er eine persönliche Bekanntschaft an. Zunächst waren alle mißtrauisch. Bei Neuankömmlingen mußte man damit rechnen, daß es sich um Spitzel oder Informanten handelte. Doch Jules setzte alles daran, ihre Befürchtungen zu zerstreuen. Vor allem zeigte er sich völlig desinteressiert an den Einzelheiten ihrer verbrecherischen Machenschaften – die SOTE war schließlich keine Unterabteilung der Polizei. Ein Verbrecher fiel erst dann in Jules' Sparte, wenn seine Aktivität den Grenzbereich des Hochverrates berührte.

Mit der Zeit nahmen die Unterweltler zur Kenntnis, daß der nette Neuling keine Bedrohung für sie darstellte, ja daß er einen dankbaren Zuhörer für ihre alten, mit Aufschneidereien angreicherten Geschichten abgab. Jules ließ auch durchblicken, daß er ebenfalls in der Branche tätig sei, wenn er auch nicht behauptete, einer der momentan so prominenten Fassadenkletterer zu sein. Langsam entwickelte sich eine Art Kameraderie, und Jules bekam das Gefühl, daß er Zugang zu den richtigen Kontakten finden könnte, wenn er sie brauchte.

Inzwischen bahnte Yvette anderweitig eigene Kontakte an. Während Jules sich in Bars und Kneipen herumtrieb, machte Yvette die Runde durch sämtliche Spielkasinos. Auf Cordoba war Glücksspiel eigentlich illegal, doch war es als Unterhaltungszweig so beliebt, daß das Auge des Gesetzes meist wegguckte. Kasinos, die ihr Gewerbe mit Anstand zu betreiben verstanden, machten hervorragende Geschäfte.

Diese Etablissements gab es in allen Varianten: Kasinos für die Oberschicht in vornehmen Herrenhäusern. Dort durften die Reichen von Cordoba stil- und würdevoll in gediegener Umgebung ihr Glück versuchen. Für die Mittelklasse tarnten sich die Kasinos meist als Privatklubs oder Vereine mit Mitgliedsbeiträgen und Vereinsstatuten. Hier ging es lässiger zu, und am Ende kam es aufs Gleiche heraus.

Aber das waren nicht die Kasinos, die Yvette besuchte. Ihr Revier waren die Spelunken, die schmutzigen Hinterzimmer, die überfüllten schmuddeligen Keller, in denen es nach Schweiß und abgestandenen Drogenstiften statt nach Parfum und Räucherkerzen roch. Hier ging es turbulenter zu, das Spiel schien eher ein Trieb, denn ein Mittel zur Entspannung. Yvette konnte nicht umhin, die hier herrschende verzweifelte Stimmung mit der luxuriösen Atmosphäre der Nobelkasinos auf Vesa zu vergleichen. Hier drängten sich die Menschen nicht so dicht wie auf Vesa, doch die Spannung war greifbarer.

Frauen waren in diesen Etablissements nichts Außergewöhnliches, obwohl sie hier gewöhnlich eigenen Geschäften nachgingen. Yvette war eine gute Spielerin mit einigem Erfolg, der es gelang, das Vertrauen vieler regelmäßiger Gäste zu erwerben. Nach vier Tagen ständiger Anwesenheit, erwies man ihr die große Ehre, sie zu einer Privatrunde in einem der Hinterzimmer einzuladen. Die Unterhaltung war gepfeffert, und Yvette konnte hier aus zufälligen Bemerkungen mehr entnehmen, als die Sprecher ahnten. Auch sie stellte bereits eine Liste von Kontaktleuten für die Zeit des Verschwindens zusammen.

Als sie eines Tages nach einer privaten Pokerparty in den Hauptraum zurückkam, sah sie ihren Bruder inmitten einer größeren Menschenansammlung. Er kehrte ihr den Rücken zu. Sie war ein wenig erschrocken, denn das hier war ihr Jagdrevier, und Jules wäre sicher nicht gekommen, wenn nicht etwas Besonderes passiert war. Sie näherte sich ihm hastig und sagte: »Dich hätte ich hier eigentlich nicht erwartet.«

Da drehte sich der Mann um, und sie erkannte ihren Irrtum. Es war gar nicht ihr Bruder, sondern ein anderer, der den unverwechselbaren Körperbau des Bewohners einer Welt mit hoher Schwerkraft besaß. Mit liebenswürdigem Lächeln musterte er sie von Kopf bis Fuß. »Ich treffe Sie hier auch völlig überraschend«, erklärte er. »Aber es handelt sich um eine höchst angenehme Überraschung.«

Yvette unterzog ihn einer gründlichen Musterung. Vor ihr stand ein außergewöhnlich hübscher junger Mann, etwa Mitte dreißig, mit hellen blauen Augen und mittelbraunem Haar, das ihm in Locken in die Stirn fiel. Gekleidet war er wie ein richtiger

Dandy: ärmelloser Hosenanzug aus schwarzem Glitzergewebe mit rundem Ausschnitt und mit Hosenbeinen, die sich nach unten zu erweiterten.

»Entschuldigen Sie«, stammelte Yvette verlegen. »Von hinten sehen Sie meinem Bruder Jaro ungemein ähnlich.«

Der Mann nahm den Hut ab und vollführte eine formvollendete höfische Verbeugung. »Gnädigste, Sie schmeicheln mir. Ihr Bruder sieht gewiß viel besser aus als ich. Wenn ich Ihnen aber an seiner Stelle dienlich sein kann – mein Name ist Pias Nav, zu Ihren Diensten.«

Diese übertriebene Galanterie hätte bei jedem anderen lächerlich gewirkt, bei diesem jungen Mann aber schien sie einfach Teil der Persönlichkeit zu sein. Sein elegantes Gehabe in derart schäbiger Umgebung löste allgemeines Gekicher aus.

»Danke für Ihr Angebot, das ich gottlob nicht anzunehmen brauche«, gab Yvette zurück. »Ich heiße übrigens Yarmilla – Yarmilla Dubcek.«

»Es ist mir eine Ehre.« Er ergriff ihre Hand und führte sie an seine Lippen, als wäre sie eine Großherzogin und keine vorgebliche – gewöhnliche Spielerin.

Yvette wußte nicht recht, was sie von diesem ernsten jungen Menschen zu halten hatte. Sie wußte nur, daß sie eine Verabredung mit ihrem Bruder in dessen Hotelzimmer hatte. Sie konnte es sich einfach nicht leisten, hier stehenzubleiben und sich von diesem hübschen Unbekannten den Hof machen zu lassen. Zögernd setzte sie sich in Bewegung und sagte: »Die Begegnung mit Ihnen war mir ein Vergnügen – auch unter diesen seltsamen Umständen. Aber jetzt muß ich wirklich gehen. Ich bin mit meinem Bruder verabredet. Er wird ungeduldig, wenn ich ihn warten lasse.«

»Das kann ich nur zu gut verstehen. Welcher Mann könnte den Gedanken ertragen, daß Sie nicht bei ihm weilen? Ich lasse Sie nur mit allergrößtem Bedauern gehen und wünsche Ihnen viel Glück. Bis auf ein Wiedersehen – falls es sich je ergeben sollte.« Und wieder setzte er mit weitausholender Armbewegung zur großen Geste an.

Yvette verließ das Kasino als überaus nachdenkliche Frau.

5. Kapitel

Jaroslav und Yarmilla verschwinden

»Wie gut, daß wir von Natur aus nicht geldgierig sind«, meinte Yvette. »Mit unserem Talent hätte aus uns das erfolgreichste Gaunerpaar des Universums werden können.«

Sie stand, die Hände in die Hüften gestützt, vor der angehäuften Beute der vergangenen zehn Tage. Fein säuberlich in zwei Häufchen geteilt, so lag das Zeug in einem Vorschrank einer aufgelassenen Fleischwarenfabrik: Juwelen links, Kunstgegenstände rechts. Sie hatten keinen Versuch gemacht, die Beute loszuschlagen. War ihre Mission erledigt, würde man die Polizei über den Aufbewahrungsort informieren, und die Sachen konnten den Eigentümern zurückgegeben werden.

»Ja, aber nichts ist von Dauer, um ein altes Sprichwort zu zitieren«, sagte ihr Bruder. »Unsere Verbrecherlaufbahn nähert sich dem Ende. Höchste Zeit, daß wir uns unserer eigentlichen Aufgabe zuwenden.«

»*C' est vrai.* Eigentlich freue ich mich, daß ich mein Spiegelbild wieder ohne schlechtes Gewissen ansehen kann.«

Jules ging hinaus zu einer öffentlichen Vidicom-Zelle und wählte die Nummer der Polizeizentrale von Avila. »Hallo«, grollte er mit Polterstimme, »ich weiß etwas über die Einsteigdiebe.«

»Bleiben Sie einen Augenblick dran«, sagte eine weibliche Stimme. »Ich verbinde Sie mit den damit betrauten Detektiven.«

»Nein!« widersetzte Jules sich krächzend. »Ich sage es jetzt gleich oder gar nicht.« Das Mädchen am anderen Ende war sicher auf Draht. Wenn sie ihn überredete, dranzubleiben, konnte man feststellen, von wo aus der Anruf getätigt wurde. Jules aber wollte ganz anonym bleiben.

»Gut, dann übernehme ich die Mitteilung.« Gewiß gab sie in ihrer Abteilung jemandem ein Zeichen, und man würde den Anruf ohnehin orten, aber das war Jules jetzt einerlei. Bevor die überhaupt anfangen konnten, war er schon fertig.

»Fanden Sie nach einem Mann und einer Frau, Jaroslav und Yarmilla Dubcek. Geschwister, glaube ich. Sie wohnen in Androvoy-Hotel.« Damit hängte er auf. Jetzt sollen die sich ordentlich ranhalten, dachte er selbstzufrieden.

Die d'Alemberts konnten sich vorstellen, was sich nun abspielen würde. Innerhalb kürzester Zeit würden einige Polizeieinheiten das Hotel geradezu überfluten. Man würde herausfinden, daß Jaroslav und Yarmilla tatsächlich zwei nebeneinanderliegende Zimmer im ersten Stock bewohnten, und daß sie die Nachtstunden häufig auswärts verbrachten. Sodann würde man entdecken, daß sich die Verdächtigen nicht im Hotel aufhielten, dafür aber würde man auf überreichliche Beweise stoßen: Seile, Kletterhaken, Drahtscheren, elektrische Apparate, lauter Hinweise auf die Täterschaft der Dubceks. Aber keine Spur von der Beute und keine Fingerabdrücke, die man zur Identifizierung verwenden konnte. In diesem Punkt hatte die zwei Agenten größte Sorgfalt walten lassen, weil sie darauf bedacht waren, keine bleibenden Spuren zu hinterlassen.

Mit diesen Spuren konnte man die polizeiliche Fahndung allen Ernstes beginnen. Hotelpersonal und Gäste würden verhört und nach Informationen über die zwei angeblichen Diebe ausgepreßt werden. In relativ kurzer Zeit würde eine Beschreibung der zwei Verschwundenen an alle Polizeistationen des Planeten weitergegeben werden, und von da an wußte jeder Polizeibeamte, wie die beiden aussahen. Nach zwei bis drei Stunden würde die Jagd nach den d'Alberts alias Dubceks auf dem ganzen Planeten auf vollen Touren laufen.

Sie wußten, daß dies der gewagteste Teil des gesamten Planes, war. Sie mußten sich nun an die Kontakte halten, die sie bis jetzt gemacht hatten, und hoffen, daß man ihnen Zugang zu den Verbindungsleuten der Verschwörung verschaffte. Cordoba hatten sie sich ausgesucht, weil von hier mehr Verbrecher verschwunden waren als von einem anderen Planeten – aber das hieß noch lange nicht, daß sie sofort Erfolg haben würden. Die Verschwörung hatte eigentlich immer auf ortsansässige Gauner mit langem Strafregister zurückgegriffen. Die d'Alemberts hofften, daß ihre jüngst begangenen Taten aufsehenerregend genug waren, um sie zu würdigen Kandidaten zu stempeln.

Gelang es ihnen nicht, an die Verschwörung heranzukommen, dann steckten sie jetzt bis zum Hals in Schwierigkeiten. Sie waren Gegenstand einer massiven Menschenjagd wie sie dieser Planet noch nie gesehen hatte. Alle abfliegenden Schiffe, ihr eigenes miteingeschlossen, würden gründlich durchsucht werden. Die Rückgabe des Diebsgutes würde ihnen nun nichts mehr nützen, die Jagd würde fortgesetzt. Für den Fall, daß man sie fing, durften sie ihre Deck-Identitäten nicht preisgeben und ihre wirklichen Namen angeben – ihr künftiger Nutzen für den Service wäre auf Null abgesunken. Wie alle anderen Verbraucher mußten sie in diesem Fall ihre Zeit absitzen.

Ihr Plan mußte ein Erfolg werden.

Drei Stunden warteten sie ab, damit die Neuigkeit von den Dubjeks in alle Ränge der Unterwelt eindringen konnten. Als sie sicher waren, daß gewisse Leute wußten, in welcher Klemme sie steckten, riefen sie bei ihren Kontaktleuten an und baten unverblümt um Hilfe.

»Ich sitze fest«, pflegten sie sich zu melden, wenn sie einen ihrer neuen Freunde erreichten. »Ich brauche dringend ein Versteck. Wie steht es, kannst du mir weiterhelfen?«

Falls es darauf überhaupt eine Antwort gab, war es ein hastiges Nein. Meist aber wurde einfach ohne Antwort aufgelegt. Die wahren Freunde erkennt man sehr rasch, das steht fest, dachte sich Yvette, als der sechste Versuch abermals mit einer entmutigenden negativen Antwort geendet hatte.

Schließlich wurde Jules fündig. Sein Gesprächspartner ließ sich zunächst Zeit mit der Antwort und äußerte dann gedehnt und vorsichtig: »Ja, es gibt vielleicht einen Weg. Wie ich hörte, haben sich gewisse Typen darauf spezialisiert. Was sind dir nähere Einzelheiten wert?«

»Fünftausend Rubel.«

»Sagen wir lieber zehn.« Der Kerl wußte, daß er am längeren Hebel saß und wollte möglichst viel herausholen.

Jules markierte ein Zögern und Überlegen. »Na gut, abgemacht. Wie lange wird es dauern?«

»Etwa ein oder zwei Stunden. Unter welcher Nummer kann ich dich erreichen?«

Jules stieß ein verbittertes Lachen aus. »Die Umstände verurteilen mich leider zur Beweglichkeit. Aber ich kann dich in zirka drei Stunden zurückrufen. Reicht das?«

»Und wie.« Der Mann legte auf, und Jules konnte seiner Schwester mitteilen, daß die für sie so wichtige Verbindung bald zustandekommen würde.

Blieb nur noch das Problem, die Zwischenzeit zu überbrücken, ohne gefaßt zu werden. Nach dem Besuch eines öffentlichen Waschraumes, hatte jeder eine Perücke auf dem Kopf und so viel Schminke im Gesicht, daß sie einer flüchtigen Begutachtung standhalten konnten. Dann lenkten sie ihre Schritte zu einem öffentlichen Vergnügungspark und nutzten das Menschengewimmel zur Entspannung ehe sie wieder an die Arbeit mußten. Die verschiedenen Attraktionen, das Geschrei der Ausrufer und der Duft der Imbißstände erinnerten sie stark an den Rummelplatz ihres eigenen geliebten Zirkus'. Immer wieder blieb einer der beiden stehen und ließ sich von dieser Atmosphäre überfluten. In diesem Falle wartete der andere geduldig daneben, bis die Verzückung verflogen war. Dann gingen sie wortlos weiter. Jeder wußte, was der andere fühlte. Mehr als fünfungzwanzig Jahre war Zirkus ihr Lebensinhalt gewesen. Auch Loyalität und Pflichtbewußtsein dem Service gegenüber konnte die emotionelle Leere nicht wettmachen, die seit dem Verlassen des Zirkus in ihnen spürbar geworden war.

Schließlich aber neigte sich ihre Zeit auf dem Rummelplatz einem Ende zu. Es war eine kurze Atempause, ehe sie wieder in die Gefahren ihres Berufes eintauchten. Schon als sie zum Haupteingang gingen, drückte Yvette plötzlich Jules' Arm und flüsterte nur: »Hopp!«

Die Abkürzung des alten Artistenrufes *›All ez-hopp‹* genügte. Jules war sofort einsatzbereit, obwohl man ihm äußerlich nichts anmerken konnte. Mit einem gleichgültigen Blick in die Richtung, welche die Augen seiner Schwester nahmen, erspähte er einen uniformierten Polizisten, der gemächlich auf sie zuhielt.

Der Mann hatte die Waffe nicht schußbereit und schien überhaupt zu zögern, was ein gutes Zeichen war. Wahrscheinlich hatte er Anweisung ganz allgemein nach Menschen Ausschau zu halten, deren Körperbau auf Herkunft von einem Planeten mit hoher Schwerkraft hindeutete. Die d'Alemberts hatten sich absichtlich in lose Gewänder gehüllt und sich geschminkt, doch die Beschreibung der gesuchten Einbrecher paßte noch immer halbwegs, und hatte den Verdacht des Beamten erregt. Und nun kam er, um sich die beiden näher anzusehen – etwas was sie sich in diesem Stadium der Partie nicht leisten konnten.

»Verstanden«, flüsterte Jules zurück. »Wir trennen uns, keine unnötige Aufregung. Treffpunkt Standort B.«

»Alles klar.«

Ganz unauffällig teilten sich ihre Wege, jeder entfernte sich Schritt um Schritt von der Richtung des anderen, bis sie mehr als dreißig Meter Abstand zwischen sich gelegt hatten. An diesem Punkt aber wurde dem Polizisten klar, was sie da anstellten, und sein Mißtrauen verdoppelte sich mit einem Schlag. Da er keinen Kollegen mit hatte, mit dem er sich die Verfolgung hätte teilen können, entschloß er sich Jules' Verfolgung aufzunehmen und Yvette aufzugeben. Er schlug ein rascheres Tempo ein. Jules bemerkte es und wurde ebenfalls schneller, so daß der Abstand zwischen ihm und dem Beamten konstant blieb.

Schließlich hatte es der Polizist satt. »Sie da, warten!« rief er Jules nach. »Ich habe ein Wörtchen mit Ihnen zu reden.«

Gehorsam blieb Jules stehen. Er drehte sich mit der Miene reinster Unschuld zu dem Mann um. Nachdem er so den Polizisten momentan in Sicherheit wiegte, wurde er aktiv. Aus dem Stand, raste er auf eine Gruppe von Buden zu, und das mit einer Geschwindigkeit, daß dem Polizisten die Augen übergingen. Der Gute brauchte volle zwei Sekunden, ehe ihm sein Stunner überhaupt einfiel, aber da war Jules bereits außer Reichweite. Die harmlosen Zuschauer machten ein wildes Herumschießen ohnehin zu einem gefährlichen Risiko. Dem Polizisten blieb also nichts übrig, als den Verdächtigen einzuholen zu versuchen.

Jules fiel es nicht schwer, zwischen sich und den Verfolger einen gehörigen Abstand zu legen. Mit seiner Spezialausbildung als Akrobat und der angeborenen Leichtfüßigkeit eines Sohnes von DesPlaines steigerte er seinen Vorsprung stetig und manövrierte sich dabei an Gruppen erschrockener Zaungäste vorbei oder durch sie hindurch. Der Polizist konnte ihm im Auge behalten, mehr aber nicht.

Schließlich hatte Jules es bis zu den Buden geschafft und nahm dahinter Deckung. Einen kurzen Augenblick lang war er dem Gesichtskreis des Gesetzeshüters entzogen. Nur zwei Meter weiter war bereits die Unfassungsmauer des Vergnügungsparks, keine drei Meter hoch – eine Kleinigkeit für einen Menschen von Jules' Fähigkeiten. Doch Jules entschied sich nicht für diesen Fluchtweg. Sobald der Polizist merkte, daß Jules entkommen war, würde er umgehend die Zentrale verständigen. Man würde die Umgebung des Parks absperren, und ein weiteres Entkommen konnte sich als riskant oder zeitraubend entpuppen.

Stattdessen entschied er sich für einen Sprung auf das Budendach. Das schaffte er in einem einzigen zwanglosen Satz. Dann wartete er zusammengekauert auf das Auftauchen des Verfolgers.

Der Mann kam mit Höchstgeschwindigkeit um die Ecke gerast, und hielt die Waffe im Anschlag. Die Mauer vor Augen zögerte er. Natürlich glaubte er, sein Verdächtiger hätte sie längst überklettert und sich aus dem Staub gemacht. Während er so dastand und zauderte, ließ sich Jules vom Dach auf ihn fallen. Unter dem Aufprall von Jules' hundert Kilo ließ der Polizist die Waffe fallen. Jules machte sich nun den Vorwärtsschwung zunutze und rollte in die richtige Richtung. Schwungvoll hob er den Stunner auf, kam auf die Beine, kontrollierte die Einstellung der Waffe – sie stand auf drei – und feuerte, und das alles in einer einzigen kontinuierlichen Bewegung.

Jetzt war der Beamte für zwanzig Minuten bewußtlos und zusätzlich zehn zu benommen, um Meldung machen zu können. Jules nahm also Anlauf und übersprang die Mauer. In einer halben Stunde konnte er bereits so weit weg sein, daß keine Polizeisperre ihm etwas anhaben würde. Das wußte auch die Polizei. Die würde ihre Maßnahmen vor allem auf die Stadt konzentrieren – was Jules sehr recht war. Inzwischen mußte er einen Anruf tätigen, der bereits zehn Minuten überfällig war.

*

»Was hat dich aufgehalten?« sagte der Kontaktmann, als Jules endlich eine Vidicom-Zelle erreicht und die Nummer gewählt hatte. »Ich mag es gar nicht, wenn man mich warten läßt.«

»Und ich nicht, wenn man mich erwischt«, erwiderte Jules aufgebracht. »Falls du es noch nicht wissen solltest: jeder einzelne Bulle in der Stadt hält ausgerechnet nach mir Ausschau. Hast du für mich alles erledigt?«

»Alles geregelt. Für dich und deine Schwester, ja?«

»Richtig.«

»Wird dich nicht wenig kosten.«

»Wie viel?«

»Fünfzigtausend.«

»Gar nicht mal so schlimm, wenn die Ware pünktlich geliefert wird.«

»Pro Stück, mein Lieber.«

Jules heuchelte Entsetzen. »Das ist Halsabschneiderei! Ich zahle höchstens je vierzig.«

Der Andere lächelte schmierig. »Feilschen kannst du dir nicht erlauben. Mein Kontaktmann sagte, entweder hundert für beide oder gar nicht. Wie du willst.«

»Richtig, mir bleibt keine andere Wahl. Also, wie sehen die weiteren Einzelheiten aus?«

»Pack deine irdischen Güter in ein kleines Bündel zusammen. Von jetzt an heißt es Barzahlung, sieh zu, daß du reichlich Bargeld hast. Zusätzlich zu den hunderttausend für ihn und die zehn für mich, solltest du mit Unterhaltskosten für mehrere Jahre rechnen. Du wirst eine ganze Weile verschwunden bleiben, das ist aber unbedingt nötig, damit jede Spur verwischt wird.«

»Verstanden.«

Der Mann gab Jules die Adresse eines Lagerhauses am südlichen Stadtrand. »In neunzig Minuten bist du mit deiner Schwester dort, keine Minute später. Wenn ihr nicht da seid, versäumt ihr das Schiff, und kein Mensch wird sich eure Jammergeschichte jemals wieder anhören. Kapiert?«

»Kapiert«, sagte Jules. Der andere nickte, und das Gespäch war beendet. Jules war bester Laune – der Plan hatte geklappt. Sie befanden sich auf dem Pfad, den Helena wahrscheinlich eingeschlagen hatte.

Treffpunkt Standort B war eine spezielle Strauchgruppe auf dem Platz vor einem der Nobelhotels von Avila. Yvette erwartete ihn bereits, als er gemächlich daherkam. Sie hakte sich bei ihm unter wie die Liebste beim Stelldichein. »Du hast aber lange gebraucht«, sagte sie. »Ich mußte hier mit ein paar Eichhörnchenähnlichen Biestern um den Platz kämpfen.«

»Ich mag zwar langsam sein, aber ich bringe auch Resultate.« Jules gab das Telefongespräch wieder und berichtete, was sie nun zu tun hatten.

Yvette stieß einen leisen Pfiff aus. »Habgieriges Pack, allesamt. Die wollen alles, was wir haben, und zwar sofort. Und wenn alles nur eine Falle ist? Wenn sie Flüchtlinge mit dem Versprechen eines Asyls in der Hinterhand anlocken, sie töten, ihnen alles abnehmen – was in Anbetracht der Klienten gar nicht wenig sein dürfte – und dann die Leichen verschwinden lassen? Eine schöne Geschichte – und kein Mensch, der ihnen das Handwerk legt.«

»Nun, wir werden bald selbst dahinterkommen, was gespielt wird. Helena ist sicher denselben Weg gegangen. Wenn Mord mit im Spiel ist, ist es am besten, wir erfahren es jetzt. Ich möchte nicht wie ein Lamm zur Schlachtbank geführt werden. Mit einem Blick auf die Uhr fuhr er fort: »Wenn wir uns nicht beeilen, brauchen wir gar nicht erst an den verabredeten Treffpunkt zu kommen.

Rasch gingen sie zur Garage, in der sie ihren Mietwagen untergebracht hatten. Der Koffer im Kofferraum enthielt Garderobe zum Wechseln für beide und dazu fünfhunderttausend Rubel in bar. Der Zirkus hatte auf sämtlichen Planeten, die er auf seiner Tournee berührte, Konten, und diese Gelder waren ihnen für ›anfallende‹ Unkosten zugänglich. Ihre Arbeit war so geheim, daß die beiden nicht einmal in den Gehaltslisten der SOTE auftauchten. Der Kaiser sorgte dafür, daß die Steuern des Zirkus' stillschweigend refundiert wurden – und diese Summe war so gewaltig, daß sie ausreichte, um sämtliche Kosten der Aufträge der d'Alemberts aufzufangen.

Die Agenten nahmen hundertzehntausend Rubel und stopften sie in Yvettes Tasche. Der Rest landete für künftige Verwendung wieder im Koffer. Hastig, denn die verabredete Zeit war gekommen, fuhren sie an eine drei Blocks vom bezeichneten Lagerhaus entfernte Stelle und legten den Rest des Weges zu Fuß zurück, wobei Jules den Koffer lässig in der Linken trug. Die Rechte blieb dabei in der Nähe der Tasche, in der er einen Mini-Stunner versteckt hatte. Yvettes Mini-Waffe lag schußbereit in ihrer Hand. Beide waren auf alles gefaßt.

Vorsichtig näherten sie sich dem Lagerhaus. Sie konnten nur eine Tür entdecken und hatten auch keine Zeit, nach anderen Zugängen Ausschau zu halten. Die Tür stand ein wenig offen. Sie mußten sich nacheinander hineinzwängen, und das im vollen Bewußtsein, daß wahrscheinlich von nun an jeder ihrer Schritte beobachtet wurde – mit der Waffe im Anschlag.

Das Dach des Lagerhauses dräute fünfzehn Meter über ihnen, der Raum erstreckte sich in etwa zweihundert Meter Länge vor ihnen. Große Kisten und schwere Behälter waren in Reihen gestapelt, dazwischen Durchgänge, die einen Gabelstapler durchließen. Der Geruch von Sägemehl lag in der Luft, ein sauberer Geruch nach Wald.

Jules und Yvette gingen langsam den Hauptgang entlang, ständig eines Hinterhalts gewärtig. An einer Kreuzung endlich trat ihr Kontaktmann hinter einem Kistenstapler hervor und vor sie hin.

Er schien unbewaffnet.

»Schön, daß ihr es geschafft habt«, sagte er »Sicher habt ihr meine Zehntausend nicht vergessen.«

Yvette griff in ihre Tasche und angelte das passende Banknotenbündel heraus. »Für Sie.«

Der Mann nahm das Geldbündel und zählte die Scheine mit professioneller Fingerfertigkeit durch. »Bestens« verkündete er sodann. »Ein schieres Vergnügen, mit euch Geschäfte zu machen. Jetzt reiche ich euch an Kollegen Kharmahn weiter, der von nun an euer Geschick in die Hand nimmt.«

Die letzten Worte waren noch nicht ausgesprochen, als ein zweiter aus einem Seitengang eine Kreuzung weiter auftauchte. Kharmahn war Durchschnitt was Größe und Gewicht anlangte, Bart und Haupthaar waren rot. Die linke Gesichtshälfte wurde von einer gezackten weißen Narbe von der Schläfe bis zu den Lippen entstellt, das linke Auge schien größer und röter als das rechte. Beim Gehen bemerkte man die Andeutung eines Hinkens am linken Bein. Auch er schien unbewaffnet, doch die d'Alemberts vermuteten etliche Verbündete im Hintergrund.

»Schönen guten Tag, Freunde. Ich nehme an, unser gemeinsamer Freund hat bereits die Einzelheiten der Transaktion erklärt.« Er wies mit einem Kopfnicken auf Jules' Kontaktmann, der sich eben durch die Tür samt seinem Geld davonmachte.

Die zwei Agenten hielten langsam auf Kharmahn zu. »Ein wenig«, antwortete Jules. »Er war beinhart, als es um den Preis ging.«

»Das ist unser Standard», sagte Kharmahn achselzuckend. »Ihnen wird nicht mehr abverlangt als allen anderen, die unsere Dienste in Anspruch nehmen. Ich nehme an, dieser Koffer enthält ausreichend Geld für eine längere Zeitspanne. Sie werden an einen Ort gebracht, an dem sie vorübergehend als Pensionär leben werden und zu diesem Zweck Ihre Ersparnisse verwenden müssen.«

»Das schaffen wir schon«, äußerte Jules vorsichtig.

»Na gut. Wenn ich jetzt das Geld kriege, können wir weitermachen.«

Wie vorhin langte Yvette in die Tasche und zog den geforderten Betrag heraus. Kharmahn nahm gleichmütig das Bündel entgegen und unterzog sich nicht der Mühe des Nachzählens. »Ich weiß, daß Sie uns nicht reinlegen. Ihr Leben liegt jetzt eine ganze Weile in unserer Hand. Sie tun gut daran, sich mit uns gutzustellen. Bitte, hier entlang.«

Kharmahn führte sie eine Kistenreihe entlang und hielt vor einem großen schweren Behälter an, auf dem in großen roten Lettern stand: ›Gefahr! Spaltbares Material, radioaktiv!‹

Kharmahn drückte an dem Behälter einen kaum sichtbaren Zapfen an einer Seite. Eine Metallseite schwang auf. Sie standen vor einer kleinen Bleikammer, die für zwei Personen knapp Platz bot.

»Es tut mir leid, mehr können wir als Mitfahrgelegenheit nicht bieten. Sicher, sehr luxuriös ist es nicht, aber Sie werden höchstens drei Stunden darin verbringen müssen. Selbstverständlich stehen Ihnen Sauerstoffmasken zur Verfügung. Sobald Sie hier drinnen eingeschlossen sind, füllen wir den übrigen Behälter tatsächlich mit radioaktivem Material, um die Kontrolle am Raumflughafen zu nasführen. Keine Angst, Ihr kleiner Privatcontainer ist gegen ein eventuelles Risiko gut abgeschirmt. Es ist eben eine Tatsache, daß die Behörden bei spaltbarem Material eher ein Auge zudrücken – außerdem können sie den Inhalt nicht mit Röntgenstrahlen durchleuchten, dazu ist die Radioaktivität zu hoch und die Abschirmung zu stark. Sobald das Schiff sicher abgehoben hat, werden wir Sie sozusagen umfüllen. Sie bekommen dann eine komfortable Unterkunft, bis Sie Ihren Bestimmungsort erreichen. Jetzt aber hinein, bitte.«

Die d'Alemberts kletterten mit ihrem Koffer in die kleine Zelle und setzten die Sauerstoffmasken auf. Der Raum war äußerst knapp bemessen, und die beiden ertappten sind bei dem Wunsch, sie wären biegsame Schlangenmenschen wie manche ihrer Angehörigen beim Zirkus.

Sobald der Behälter verschlossen war, spürten sie, daß man sie transportierte – wahrscheinlich um das Spaltmaterial um sie herum auszufüllen. Ihr kleines Abteil war ziemlich schalldicht, so daß sie die Schwingungen beim Beladen mehr spürten als hörten. Dann wurden sie wieder bewegt, vermutlich auf die Ladefläche eines Laster. Nachdem sie dort eine halbe Stunde ungestört blieben, setzte ein stetiges Rütteln ein, das anzeigte, daß die Fahrt begonnen hatte. Hoffentlich war ihr Ziel der Raumflughafen.

Noch immer lauerte in ihren Köpfen der Verdacht, daß es sich hier um eine raffiniert gebaute Falle handelte. Zwar befürchteten sie nicht mehr, daß man ihre Kiste einfach ins Meer werfen würde – Kharmahn hätte in diesem Fall nicht zugelassen, daß sie den Koffer zu sich ins Abteil nahmen – doch waren sie sich ihrer Abhängigkeit von den Sauerstoffmasken schmerzlich bewußt. Kharmahn hätte nur Giftgas in den Behälter pumpen brauchen, um sie zu töten. Danach wäre es ihm ein Leichtes, den Behälter zu öffnen und das Geld an sich zu bringen.

Sie mußten sich eben auf den Glauben an ihre Hypothese verlassen, daß nämlich die Drahtzieher hinter diesen Fällen des Verschwindens weitere Pläne mit den kriminellen Talenten hatten, die sie um sich versammelten, und daß ihre Klienten ihnen lebendig mehr wert waren als tot. Als die Zeit verging und die holprige Fahrt kein Ende nehmen wollte, erschien ihnen diese Annahme immer wahrscheinlicher. Falls Kharmahn beabsichtigt hatte, sie zu töten, hätte er dies rasch erledigt und sich der Leichen entledigt. Die Tatsache, daß man sie weiterbeförderte, war ein Zeichen dafür, daß er es ehrlich mit ihnen meinte.

Nach einer Stunde hatten sie das Gerüttel überstanden. Ganz plötzlich wurde ihr Behälter rüde in die Luft geworfen, so daß sie in ihrem kleinen Abteil hin und her geschleudert wurden. Die Abschürfungen, die sie jetzt abkriegten, ergänzten den Schmerz der verkrampften Muskeln vortrefflich. Der Behälter wurde unsanft abgestellt, und so beließ man ihn eine halbe Stunde. Dann wiederholte sich das Heben und Hinstellen. Die Agenten hatten sich eben zu der Ansicht durchgerungen, daß es sich hier nicht um eine Flucht als vielmehr eine Reihe sorgfältig ausgeklügelter Foltern handelte, als sie spürten, wie sie von einer neuen Kraft plötzlich mit aller Gewalt gegen den Boden ihrer Kammer gedrückt wurden. Ein sehr vertrautes Gefühl – die Beschleunigung eines Raumschiffes beim Abheben. Unter normalen Umständen hatten sie sich bei dreifacher Schwerkraft sehr wohlgefühlt, doch bei der momentanen Verkrampfung erhöhte die Beschleunigung nur ihr Unbehagen.

Als die Beschleunigung aufhörte, erlebten sie das gegenteilige Gefühl – Null-Schwerkraft. Das Gefühl des Schwebens lockerte den Schmerz in ihren Gliedern ein wenig.

Nach einer Ewigkeit spürten sie endlich, daß das sie umgebende Material ausgeladen wurde. Dann wurde ihr Abteil geöffnet, Licht drang herein und blendete sie. Sie zwinkerten und brauchten einige Zeit, bis sie die Umrisse dreier Männer erkannten, die sich vor ihnen aufbauten. Schwielige Hände langten herein, umfaßten ihre Arme und zerrten sie unsanft heraus.

»Willkommen an Bord der Linnea Rose«, sagte eine rauhe Stimme. »Ihr seid auf dem Weg zum Asylplaneten.«

6. Kapitel

Die Fahrt zum Asylplaneten

Mit schmerzenden Gliedern kletterten die d'Alemberts aus dem Versteck. Sie befanden sich im Laderaum eines Schiffes, umgeben von unzähligen Behältern und Kisten.

»Stecken in all den Kisten Menschen?« fragte Jules, während er ein paar Übungen zur Lockerung der Muskeln vollführte. Auch Yvette verrenkte sich merkwürdig, um sich wieder fit zu machen.

»Ach wo, wir haben immer nur ein paar pro Fahrt dabei«, gab einer der Männer Auskunft. »Mehr Platz haben wir nicht. Ich zeige euch die Unterkunft.«

Er schwamm hinauf an die ›Decke‹ des Raumes, nämlich an die Vorwand, während das Schiff in Bewegung war. Jules und Yvette schwammen ihm mit noch immer schmerzenden aber wenigstens funktionstüchtigen Gliedern nach. Ein Passagierschiff hätte natürlich unter Ultra-Gravität gestanden, um der Bequemlichkeit der Fahrgäste entgegenzukommen, aber ein Frachtschiff konnte sich diesen Luxus nicht leisten. Die Besatzungsmitglieder mußten entweder das Arbeiten unter diesen Bedingungen lernen oder suchten sich eine andere Beschäftigung.

Der Mann führte sie einen Gang entlang zu zwei Metalltüren. Die zwei nebeneinanderliegenden Räume glichen einander in ihrer Kargheit: eine Null-Schwerkraft-Pritsche entlang einer Wand, mehrere in die Wand eingebaute Schubladen für persönliche Dinge und in einer Ecke eine Waschgelegenheit. Die Metallwände waren grau und kalt.

»Ein Fortschritt im Vergleich zum Container«, bemerkte Yvette. »Aber kein großer.«

»Man möchte meinen, bei fünfzigtausend pro Nase dürfte man mehr erwarten«, meuterte Jules.

»Nur nicht meckern! Sie zahlen für unsere Dienste und nicht für die Unterbringung«, sagte der Mann. »Mit einem Passagierschiff hätte man euch nicht so leicht fortschaffen können. Auf dem Asylplaneten sieht es dann viel besser aus. In der Zwischenzeit müssen Sie sich damit begnügen. Seien Sie froh, daß Sie überhaupt da sind. Das Essen wird in zwei Stunden serviert. Die Messe ist weiter vorne.« Nach Erfüllung seiner Bewillkommungspflichten ging er.

»Immer noch besser als eine Gefängniszelle«, sagte Yvette, Dabei berührte sie ihren Bruder sachte an der Schulter. Ihre Finger tippten eine kurze verschlüsselte Botschaft: Der Raum wird wahrscheinlich abgehört.

Jules antwortete mit einem unmerklichen Nicken. An Bord des Schiffes konnten sie vermutlich nicht offen sprechen, und sie durften auch feindlichem Territorium nicht erkennen lassen, daß sie eigentlich zu Unrecht hier waren.

»Du hast recht«, sagte er laut. »Und ich strecke mich jetzt aus und mache ein Nickerchen. Das habe ich nach dem Aufenthalt in der Box dringend nötig.«

Das war sein Ernst. Die Aktivitäten des Tages forderten ihren Tribut. Auch die abnorm große Vitalität der d'Alemberts konnte sich erschöpfen, das war nach diesem ereignisreichen Tag kein Wunder. Die Geschwister trennten sich, um sich vor dem Dinner noch ein wenig zu entspannen.

*

Ausgeruht trafen sie sich zwei Stunden später und schwammen auf die Vorderseite des Schiffes zu. Nach einigem Suchen fanden sie ein Besatzungsmitglied, das ihnen den Weg zur Messe zeigte. Als sie endlich eintrafen, hatten sich dort bereits fast alle an Bord des Schiffes Befindlichen versammelt.

Die *Linnea Rose* führte einundzwanzig Mann Besatzung, und hatte außer den d'Alemberts noch drei weitere Passagiere an Bord. Diese waren ohne Zweifel aus denselben Gründen unterwegs – sie hatten die Fahrt zum Asylplaneten gebucht, um dem Arm des Gesetzes zu entkommen.

Yvette überflog die Gesichterreihen und erschrak, als sie ein Gesicht erkannte. Es war der Spieler, dem sie auf Cordoba begegnet war, der Geck von dem Hochschwerkraft-Planeten, den sie mit Jules verwechselt hatte. Sie kramte verzweifelt in ihrem Gedächtnis und hatte dann endlichen den Namen, der zu dem Gesicht gehörte: Pias Nav.

Der Spieler war ebenso großartig gekleidet wie beim ersten Mal, wenn auch ein wenig praktischer im Hinblick auf eine Null-Schwerkraft-Umgebung. Diesmal war er ohne Hut und trug einen schwarzen Anzug ohne Cape. An der linken Schulter prangte eine rote Stoffrose. Bei jeder Bewegung fächelten die Blütenblätter aus zartem Stoff. Er erblickte Yvette fast gleichzeitig wie sie ihn. Seine Miene erhellte sich freudig.

»Yarmilla Dubcek!« rief er laut aus. Alle Köpfe wandten sich, entweder ihm oder dem Gegenstand seiner Aufmerksamkeit zu. Pias Nav fuhr, die Blicke nicht beachtend, fort: »Welch unerwartetes Vergnügen, Ihnen wieder zu begegnen! Ich hörte, an Bord sei auch eine Dame, aber ich hatte keine Ahnung, daß Sie das sind! Und das muß Ihr Bruder sein! Bitte, Sie müssen hier neben mir Platz nehmen, ich bestehe darauf!«

Yvette bewegte sich lächelnd in seine Richtung. Jules folgte ihr einigermaßen verblüfft. »Wer ist das?« flüsterte er, während er durch die Messe schwamm.

»Der Kerl, den ich im Kasino mit dir verwechselte. Ich habe dir davon erzählt.«

Jules musterte Pias Nav mißbilligend von Kopf bis Fuß. »Ich begreife gar nicht, wie du dich so irren konntest. Ich sehe doch viel besser aus als der da.«

Yvette lachte kurz auch. »Und bist viel eingebildeter. Ich finde ihn charmant.«

»Außerdem ist er ein Gauner großen Stils, sonst wäre er nicht da«, mahnte Jules. »Vergiß das nicht.«

Sie schwammen weiter und machten erst neben dem Spieler halt. »Für gewöhnlich pflege ich mich zu verbeugen, meine Gnädigste, aber das läßt sich im schwerelosen Raum nicht machen«, entschuldigte Nav sich. »Darf ich Ihnen als Zeichen meiner Verehrung die Hand küssen –«

»Natürlich«, Yvette streckte die Hand aus und Nav führte sie mit einer Eleganz an die Lippen, die auf einem Hofball hätte bestehen können.

Jules ließ sich ein Stück weitertreiben und murmelte leise etwas von verdammt affigem Angeber. Um ein gewisses Gefühl der Nutzlosigkeit zu überbrücken, schwamm er an den Speiseautomaten holte Teller für sich und Yvette und brachte sie ihr, die noch immer von Nav gefesselt war.

Das Essen war typisch für die Weltraumfahrt und nicht weiter aufregend. Klare Brühe in der Druckflasche als Suppe; eine Kugel, in der bissengroße, vorgeschnittene Teile einer Eiweißpaste enthalten waren, die optisch und geschmacklich gekochtem Fleisch nachempfunden war. Drei weitere Tuben enthielten Gemüse in Creme-Form, heißen Kaffee und Pudding.

»Na, verwöhnt werden wir hier nicht gerade«, bemerkte Jules, als er seiner Schwester die Speisenfolge servierte.

»Macht nichts, Gnädigste«, sagte Nav. »Neben Ihnen wird auch das Einfachste zu einem unvergleichlichen Festschmaus.«

Ich glaube, ich höre nicht richtig, dachte Jules, behielt aber seine Meinung über den Redeschwall des Spielers für sich. Er nuckelte an seiner Suppe und den Gemüsen und kaute wortkarg an den Eiweiß-Brocken.

In gewisser Weise erwies sich Navs Geplauder jedoch als sehr nützlich. Als geborener Wichtigtuer hatte er bereits allerhand über die Mitpassagiere in Erfahrung gebracht.

»Der Kerl dort drüben«, sagte er, und deutete auf einen, mageren, Mann in mittleren Jahren mit stark gelichtetem Haar und Schielaugen, »ist der frühere Buchhalter des Earles von Arabolia. Man nimmt an, daß er zwei Millionen auf die Seite brachte, ehe er seinen Posten in aller Eile aufgab. Genaue Zahlen nennt er nicht. Unser zweiter Reisegefährte ist Rowe Carnery, der von unzähligen Planeten höchst erfolgreich Schiffe entführte.«

Yvette glaubte eine leichte Veränderung in Navs Stimme festzustellen, als er von Carnery sprach – weniger leicht und mit dunklem Unterton gefärbt. Zwischen Nav und Carnery stimmt etwas nicht, signalisierten ihre Instinkte, obwohl es ihr an Beweisen für ihre Vermutung fehlte.

Sie unterzog Carnery einer eingehenden Musterung. Der Mann war sehr groß, knapp zwei Meter, und brachte mit Leichtigkeit hundertzehn Kilo auf die Waage. Das schwarze Haar war ganz kurz geschoren, die buschigen Brauen wuchsen zusammen und bildeten unter der Stirn eine einzige dunkle Linie. Sein Gesicht zierte ein zwei Tage alter Stoppelbart, die Nase war ihm in der Vergangenheit mehrere Male gebrochen worden. Die tiefliegenden dunklen Augen brüteten über geheimen Schrecknissen, die nur er allein sehen konnte. Ganz sicher kein Typ, den ich zu einem Picknick einlade, entschied Yvette. Möchte wissen, welche Verbindung zwischen ihm und Nav besteht.

Sie erzählte Nav ihre und ihres Bruders Geschichte. Sie seien die berühmten Einsteigdiebe, behauptete sie, und er war gebührend beeindruckt. »Und was ist mit Ihnen?« fragte sie schließlich. »Womit haben Sie sich die Fahrt zum Asylplaneten verdient?«

»Verglichen mit Ihren Taten, sind meine Sünden Bagatellen«, erklärte Nav geziert. »Ich bin Spieler vom Beruf, und spiele besser, als es gewissen Kasinobesitzern auf Cordoba in den Kram paßte. Nachdem ich einigen ein kleines Vermögen abgeknöpft hatte, dachten sie sich mit vereinten Kräften Methoden aus, die mich entmutigen sollten. Die letzte dieser Methode sah so aus, daß sie mir zwei Schläger auf den Hals hetzten, die mir eine Abreibung verpassen sollten. Ich setzte mich zur Wehr, und einer der Knaben mußte ins Gras beißen. Diese Gelegenheit nützten sie und hängten mir einen Mord an. Diese Reise erschien mir die verlockendere Alternative, als der Polizei die Geschichte zu explizieren.«

»Sie sehen aber gar nicht wie eine richtige Kampfnatur aus«, bemerkte Jules eisig.

»Bin ich auch nicht«, gab ihm Nav mit freundlichem Lächeln recht. »Es gibt Zeiten, da sind meine sämtlichen Energien darauf gerichtet, Gewalt zu verhindern. Aber wie Sie wissen, bewegen sich diese Menschen von den Planeten mit geringer Schwerkraft langsamer, als ihnen gut tut.«

Diese Wendung des Gespräches gab Yvette Gelegenheit zu

der Frage: »Woher stammen Sie übrigens? Ihr Akzent verrät, daß Sie nicht von DesPlaines kommen, und von Purity sind Sie auch nicht. Es gibt nicht viele Hochschwerkraft-Welten.«

»Nein«, sagte Nav lächelnd. »Ich stamme von Newforest.«

Yvettes Augen weiteten sich unmerklich. Newforest war die sogenannte Verlorene Kolonie, jahrhundertelang ein Mythos, bis sie schließlich vor erst fünfzig Jahren entdeckt wurde. Im frühen einundzwanzigsten Jahrhundert hoben etwa zwei Dutzend Schiffe voller Zigeuner und ›Kesselflicker‹ von England aus ab. Sie flohen vor den Säuberungswellen, die über die Erde hinwegrollten. Der Kontakt brach ab, und bei der offiziellen Gründung des Erdimperiums im Jahre 2225 nahm man allgemein an, daß die Schiffe entweder im noch nicht vermessenen Bereich des Alls oder auf einer unbewohnbaren Welt gelandet waren, auf der kein Überleben möglich war.

Doch es gab merkwürdige Vorkommnisse. Immer wieder landeten Raumschiffe auf erschlossenen Planeten. Kapitän und Besatzung behaupteten, Bewohner einer Newforest genannten Welt zu sein, Nachkommen der Menschen dieser verlorenen Schiffe. Diese Menschen von Newforest nahmen mit der Zeit mythische Dimensionen an. Man wußte von ihnen nur, daß sie von einem Hochschwerkraft-Planeten kamen, dessen genaue Lage sie geheimhielten.

Nach ausgeklügelter Detektivarbeit von Seiten des Service, war man in der Lage, auf die Position von Newforest zu schließen. Der Planet befand sich in naher Umlaufbahn zu einem roten Stern, der so klein und schwach war, daß er in den galaktischen Karten meist gar nicht auftauchte. Die Bevölkerung von Newforest wußte nicht recht, was sie von der Erde halten sollte, da sie in erster Linie die Verfolgungen in Erinnerung hatte, die sie von dort vertrieben hatten. Doch als eine Flotte von fünfundzwanzig kaiserlichen Schlachtkreuzern an ihrem Himmel auftauchte und verlangte, daß sie entweder dem Imperium Treu gelobten oder ausgelöscht würden, blieb ihnen nichts übrig, als sich dem Regierungssystem der Erde zu fügen.

Diese Affäre hatte vor fünf Jahrzehnten eine Sensation dargestellt, doch seither hatte sich alles beruhigt. Newforest, eine Welt mit der zweieinhalbfachen Oberflächenschwerkraft der Erde, entpuppte sich als überaus stiller, bukolischer Ort. Die Bewohner steckten ihre Nasen nicht in fremde Angelegenheiten und machten keinen Ärger. Die Bürger von Newforest – wie alle Hochschwerkraftmenschen – reisten nicht viel, weil die Anpassung an schwächere Schwerkraftsysteme nicht ganz einfach war. Als Folge davon war Newforest eher wegen seiner exotischen Vergangenheit als der banalen Gegenwart bekannt.

»Sie sind der erste Newforester, den ich kennenlerne«, sagte Yvette ganz ehrlich. »Wie sieht es bei euch aus?«

Dies war das geeignete Stichwort, um dem wortgewaltigen Spieler stundenlangen Gesprächsstoff zu liefern. Mit seinen üblichen eleganten Wendungen berichtete er von den Lebensbedingungen unter einer schwachen roten Sonne. Er beschrieb das leuchtend rote Laub und die merkwürdigen einheimischen Tiere. Er gab ihr einen Begriff von den Gebräuchen, die sich auf dem Planeten während der jahrhundertelangen Isolation von der übrigen Menschheit entwickelt hatten, und wie das Leben eines typischen Newforesters verlief. Er war so beredt, daß Yvette neben ihm schwebend wie in Trance zuhörte.

Mittlerweile hatte Jules sein Dinner beendet und langweilte sich tödlich. Seine Schwester widmete ihre Aufmerksamkeit voll und ganz diesem eitlen Schwätzer, und Nav spielte seinem Publikum wie ein Virtuose auf. Die wenigen Bemerkungen, die Jules einwerfen konnte, wurden als unwichtig übergangen, und bald fühlte er sich so nutzlos wie ein Räderpaar an einem Schiff. Schließlich hatte er es satt, müßig in der Schwebe zu verharren, während die anderen zwei plauderten. Er entschuldigte sich und verließ die Messe. Sein Verschwinden wurde kaum bemerkt.

Da er sich nicht damit zufriedengeben wollte, sich in seiner Koje auszustrecken und über Yvettes Begeisterung für den redseligen Gecken nachzugrübeln, entschloß sich Jules, an Bord des Schiffes auf Erkundung zu gehen. Indem er die Gänge entlangruderte, entdeckte er bald, wo die Mannschaftsquartiere lagen, die Kombüse, die Wiederaufbereitungsanlagen, die Frachträume und die Unterkünfte der Offiziere. Letztere waren, wie er von dem eben anwesenden Offizier in rüdem Ton belehrt wurde, für ihn tabu. Als Passagier sollte er offenbar die meiste Zeit in seiner Kabine verbringen – bis auf die Mahlzeiten. Ein Tagesablauf, der sich als sehr öde erweisen konnte.

Auf seinem Streifzug stieß er jedoch auf etwas sehr Nützliches. Eine Tür, die er auf den ersten Blick kaum bemerkt hatte. Er öffnete sie und entdeckte einen kleinen Vorratsraum mit Sauerstoffbehältern und Sicherheitsausrüstungen. Es roch hier wie in einem selten benutzten Raum – sicher gab es hier keine elektronischen Abhöreinrichtungen. Hier konnte er sich mit Yvette ungestört treffen und Gedanken austauschen – genau, das, was sie brauchten. Aufgeregt schwamm er zu ihrer Unterkunft, um ihr von seiner Entdeckung zu berichten. Sie war vom Essen noch nicht zurück. Er ging also in seine Kabine, um bis zu ihrer Rückkehr vor sich hinzuschmollen.

Eine Stunde und zweiundvierzig Minuten später – er hatte die Zeit genau im Auge behalten – hörte er draußen auf dem Gang Stimmen. Er öffnete die Tür nur spaltbreit und spähte hinaus. Da stand Yvette eng umschlungen mit ihrer neuen Bekanntschaft. Peinlich berührt wandte Jules den Blick ab. Der Kuß schien ewig zu dauern. Unter anderen Umständen hätte Jules ungeduldig mit dem Fuß aufgestampft, doch das war im Zustand der Schwerelosigkeit nicht möglich. Schließlich ging Nav, und Yvette huschte allein in ihr Zimmer.

Jules schwamm leise hinüber und klopfte an. Sie öffnete und wollte ihn begrüßen, doch er legte den Finger an die Lippen und gebot ihr Schweigen. Dann bedeutete er ihr, sie möge ihm folgen, und sie kam willig seiner Aufforderung nach.

Er führte sie zu dem Vorratsraum, den er entdeckt hatte. »Hier können wir unbelauscht reden«, sagte er. »Ich kann mir nicht denken, daß ein halbwegs vernünftiger Mensch hier drinnen Abhörwanzen anbringt.«

»Ideal«, meinte Yvette.

Ohne weitere Einleitung sagte Jules: »Du solltest dich mit diesem glattzüngigen Newforester vorsehen. Mir gefällt das alles nicht.«

»Warum nicht? Nur weil er charmant und amüsant ist und

weiß, wie man sich einer Dame gegenüber benimmt?«

»Er ist ein Gauner, und wir können uns Romanzen mit einem dieser Typen nicht erlauben. Nicht bei unserer Arbeit.«

Yvette sah ihn aus schmalen Augen an. *»Mon Dieu,* mein Bruder ist aber ein Tugendbold! Hätte ich nie gedacht!« Sie wollte die Situation scherzhaft überspielen, hörte aber sofort damit auf, als sie merkte, wie ernst es ihm war. »Hör mal, er ist kein richtiger Gauner. Er ist Berufsspieler, was auf vielen Planeten erlaubt ist. Er ist nur hier, weil er in eine Situation hineingeriet, aus der er sich aus eigener Kraft nicht mehr befreien konnte. Dadurch wird er aber kaum Feind Nummer eins der Galaxis.«

»Dann nimmst du ihm seine Geschichte also ab?«

»Im Moment ja. Er lieferte mir keinen Grund, ihm nicht zu glauben.«

»Er hat einen Mord gestanden.«

»Mon cher frere, wir haben ähnliches auf dem Kerbholz. Wir mußten machmal töten, in Notwehr oder zum Wohle des Imperiums. Aus diesen Gründen allein würde ich ihn nicht in Grund und Boden verdammen.«

Jules schlug mit der rechten Faust auf die linke Handfläche. »Irgendwas an ihm stimmt nicht, Evie. Mehr kann ich im Moment nicht sagen. Irgendwas an seiner Geschichte stört mich. Er ist uns gegenüber nicht ganz aufrichtig.«

»Jetzt sage ich dir eines«, meinte Yvette in einem letzten Versuch, die aufgebrachten Gefühle ihres Bruders zu beruhigen. »Verschaffe mir Beweise, und ich glaube dir. Ich verlasse mich auf deine Gefühle, wenn du sagst, er wäre nicht aufrichtig – aber ich bitte dich, meinem Gefühl zu trauen, daß er ein guter Mensch ist.«

Jules schnitt eine Grimasse. »Also gut, abgemacht. Aber ich warne dich. Ich werde ihn mir genauer ansehen.«

»Ich kenne dich«, sagte Yvette lächelnd,« und ich habe nichts anderes erwartet.«

*

Beim Frühstück am nächsten Morgen war Pias Nav ganz wie immer. Er bezauberte Yvette und war mit seiner übertriebenen Galanterie ein rotes Tuch für Jules. Doch zu Mittag zeigte sich der Spieler nicht in der Messe beim gemeinsamen Essen. Jules wurde mißtrauisch. An Bord eines Schiffes, auf dem die Mahlzeiten der einzige erlaubte gesellige Anlaß waren, würde niemand so leicht ein Essen ausfallen lassen. Jules würgte seine Portionen hastig hinunter und entschuldigte sich, weil er vorzeitig die Tafel verließ. Die Sache verdiente, näher untersucht zu werden.

Er schwamm zu der Kabine, die, wie er wußte, Nav gehörte. Auf sein Klopfen bekam er keine Antwort. Sein Gespür sagte ihm nun, er solle zurück zu seiner und Yvettes Unterkunft, halb in der Erwartung, er würde den Newforester beim Durchstöbern der Kabinen ertappen. Aber beide Räume waren unberührt. Verblüfft schwamm er weiter. Wo konnte der Mann nur sein und was hatte er vor?

Schließlich vernahm er ein leises Geräusch. Eine Tür zur Linken stand ein wenig offen – es war die Tür von Rowe Carnerys Kabine, wie er am Vortag erfahren hatte. Er näherte sich langsam, legte das Auge an den Spalt und sah hinein. Ja, da war Nav. Er war im Begriff, die Schubfächer des Einbauschrankes zu durchstöbern. Er nahm nacheinander Kleidungsstücke heraus, durchsuchte sie, und legte sie, da er das Gesuchte nicht entdeckt hatte, wieder zurück. Dieser Vorgang wiederholte sich. Schließlich stieß er auf etwas, daß ihn interessierte – ein großes rundes Medaillon an einer Silberkette. Nav hielt es gegen das Licht und untersuchte es eingehend, dann umschloß er es mit seiner Faust. Seine Miene drückte schieren Haß aus, in seinen Augen blitzte Mordlust, so daß es Jules kalt überlief. Mir gleich, was Yvette glaubt, dachte Jules. Der Kerl ist kein Unschuldslamm. Mit einem, der so aussehen kann, möchte ich nicht aneinandergeraten.

Es dauerte eine Weile, bis Nav wieder normal aussah. Sorgfältig legte er das Medaillon zurück, und ordnete die Sachen in den Fächern säuberlich. Carney würde nie merken, daß seine Kabine durchsucht worden war.

Jetzt aber rasch weg, entschied Jules. Er darf nicht merken, daß ich ihm nachspioniere. Er schwamm rasch weg und war bereits außer Sicht, als Nav aus der Kabine kam und in die entgegengesetzte Richtung, nämlich zum Speisesaal hin schwamm.

Später am Abend, als Jules und Yvette gemeinsam auf dem Weg zum Dinner waren, nahm er seine Schwester beiseite in ihren Vorratsraum. »Könntest du deinen Freund ein oder zwei Stunden nach dem Essen irgendwie beschäftigen? Ich möchte seine Kabine durchsuchen.«

»Nur eine oder zwei Stunden?« Er glaubte eine Andeutung von Blinzeln in ihren Augen zu entdecken. »Klar, gar kein Problem. Jede Wette, daß du nichts findest.«

»Ich muß mich vergewissern.« Jules wollte ihr noch nichts von seiner eben gemachten Entdeckung sagen. Er wollte ihr vielmehr ein ganzes Paket an Beweisen auf einmal präsentieren.

Wieder aß Jules sehr hastig und stahl sich unbemerkt fort. Pias Nav war mit Yvette so beschäftigt, daß er ihrem Bruder keine Beachtung schenkte. Entschlossen durchschwamm Jules die Gänge, bis er endlich die Kabine des Spielers erreicht hatte.

Die Tür war versperrt, der Sperrmechanismus jedoch ganz einfach. Jules mit seiner gründlichen Ausbildung und großen Erfahrung auf diesem Gebiet brauchte sich nicht lange abzumühen. Das Innere der Kabine glich der seinen, und das bedeutete, daß es nur wenige Stellen gab, an denen man suchen mußte. Falls Navs Aufbruch ebenso hastig erfolgt war wie sein eigener, dann hatte er auch nicht viel Zeit zum Packen gehabt, also gab es auch wenig Gepäck. Dennoch hoffte Jules einen Hinweis zu finden, der ihm etwas über diesen geheimnisvollen Newforester verriet.

Trotz seiner Eile hatte Nav eine ganze Menge Juwelen mitgenommen – meist Ringe und Broschen, dazu ein paar prächtige Anhänger. Garderobe zum Wechseln und reichlich Bargeld. Interessant, daß nirgends Würfel, Karten oder anderes Zubehör der Spielerzunft zu finden war. Das war wirklich sonderbar, wenn auch nicht unbedingt negativ.

Jules wollte eben enttäuscht ein Schubfach zuschieben und

seine Suchaktion als Fehlschlag abschreiben, als sein Blick auf eine Einzelheit fiel. Aus einem Wäschestapel zog er ein säuberlich gefaltetes Taschentuch mit den Initialen PB in zarter Stickerei.

Entweder klaut er die Taschentücher oder ›Pias Nav‹ ist nicht der Name, den er immer benützt, überlegte Jules. Ich bin gespannt, was Evie dazu sagen wird.

Er ordnete das Taschentuch wieder in den Stapel ein, vergewisserte sich mit einem raschen Blick, daß er nichts übersehen hatte, und schlich dann so verstohlen hinaus, wie er gekommen war – und achtete darauf, daß er die Tür hinter sich wieder versperrte.

Noch hatte er nichts Definitives, das er Yvette als Beweis gegen den Newforester präsentieren konnte. Die Durchsuchung von Carnerys Kabine und das Taschentuch mit den anderen Initialen waren zwar Verdachtsmomente, aber kein Beweis, der etwas Negatives ans Tageslicht brachte. Pias Nav war nicht der einfache Glücksspieler, als der er sich ausgab, davon war Jules jetzt überzeugt. Doch die vollständige Geschichte hinter diesem Geheimnis bedurfte noch der Erhellung.

Bei Pias Nav, entschied Jules, bedurfte es noch einer verteufelten Menge genauerer Nachforschungen.

7. Kapitel

Ankunft

Der Flug von Cordoba zum Asylplaneten dauerte vier weitere Tage. Während dieser Zeit ließ sich der Newforester nichts zuschuldenkommen, was auch nur den leisesten Verdacht hätte erwecken können, und Jules beobachtete ihn genau. Nav verbrachte immer mehr Zeit mit Yvette, und Yvette ließ sich das nur zu gern gefallen. Sie genoß die galanten Aufmerksamkeiten, die Jules so widerlich waren; er ertappte sie mehrere Male dabei, wie sie Nav mit einer gewissen Nachdenklichkeit ansah. Er konnte sich keinen Reim darauf machen.

Hätte er aus seiner Haut fahren und sein eigenes Verhalten unvoreingenommen studieren können, so hätte er genau gemerkt, was ihr Benehmen bedeutete. Derselbe entrückte Blick lag in seinen Augen, wenn er mit seiner Verlobten Yvonne Roumenier zusammen war. Yvettes Blicke zeigten an, daß sie im Begriff stand, sich in diesen redegewandten Unbekannten vom Zigeunerplaneten zu verlieben.

Da er momentan aus der Welt seiner Schwester ausgeschlossen war, versuchte Jules sich auf seinen Auftrag zu konzentrieren. Er schloß zwanglose Bekanntschaft mit den anderen zwei Passagieren. Doch aus denen war nicht viel herauszuholen. Pasqual Ortiz, der die Veruntreuung begangen hatte, war eine Null, ein Typ, den man vergessen hatte, kaum daß man ihm den Rücken kehrte. Von seinem Geschick, sich anderer Leute Gelder anzueignen, abgesehen, hatte er nur wenige Talente aufzuweisen. Rowe Carnery andererseits hatte ein zu aufregendes Leben geführt und hielt jetzt lieber den Mund darüber. Er mochte es nicht, wenn er in ein Gespräch gezogen wurde, und antwortete nur mit Gebrumm oder besten falls mit Kurzsätzen. Jules spürte, daß bei diesem Mann knapp unter der Oberfläche Grausamkeit lauerte, und er war strikt darauf bedacht, sie nicht zum Vorschein zu bringen – es hatte keinen Sinn, sich in diesem Stadium die Fluchtgefährten zu Feinden zu machen.

Jules unternahm den Versuch, sich mit der Besatzung der *Linnea Rose* anzufreunden, mußten aber entdecken, daß die Männer es an Wortkargheit mit Carnery aufnehmen konnten. Bei ihnen kam als erstes ihre Arbeit. Auch als Jules ihnen an die Hand ging – mehr aus Langeweile als aus anderen Gründen – beschränkten sich die Gespräche auf höchst belanglose Themen. Vor allem konnte er nichts über ihren Bestimmungsort in Erfahrung bringen. Entweder wußten sie nichts über den Asylplaneten, oder aber sie hatten strikten Befehl, sich darüber nicht zu äußern.

Folglich verbrachte Jules die meiste Zeit allein in seiner Kabine und ärgerte sich über Yvettes wachsende Neigung für Nav. Er braute sich komplizierte und teuflische Erklärungen für das rätselhafte Benehmen des Newforesters zusammen.

Als das Schiff aus der Sub-Sphäre in den Raum um den Asylplaneten eintauchte, teilte man ihnen dies knappe zehn Minuten vorher mit. Sie schnallten sich fest und erlebten das vertraute Zerfließen der Wirklichkeit, das den Übergang zwischen dem normalen und dem Sub-Äther-Raum kennzeichnet. Zwei weitere Stunden vergingen. Dann kam das Bremsmanöver. Die *Linnea Rose* durcheilte die Planetenatmosphäre und setzte weich auf dem Raumflughafen auf.

Die Passagiere wurden aus dem Schiff bugsiert und in ein langgestrecktes, niederes weißes Gebäude dirigiert. Dort wurde unter einem großen Schild mit der Aufschrift ›Willkommen auf dem Asylplaneten‹ ihr Gepäck geöffnet und vor ihren Augen gründlich durchsucht. Auf diese Weise hoffte man spätere Diebstahlsverdächtigungen zu vermeiden. Auch eine Leibesvisitation wurde vorgenommen, bei der in erster Linie nach eventuell vorhandenen Waffen gesucht wurde. »Wir mögen es gar nicht, wenn die Leute hier bewaffnet rumlaufen«, erklärte einer der Beamten. »Wir sind sehr friedliebend. Außerdem braucht hier kein Mensch Waffen. Man ist hier ohnehin unter sich.«

Die d'Alemberts gestatteten, daß man bei ihnen zwei Ministunner entdeckte, obwohl die Durchsuchung glimpflicher ausfiel, als sie fürchteten. Jules dachte an die elektronische

Mini-Ausrüstung, die er hier mit Leichtigkeit hätte einschmuggeln können, quasi an den Nasen der Sicherheitsbeamten vorbei, aber dann machte er sich klar, daß dies keinen Sinn gehabt hätte. Diese Mini-Ausrüstung würde ihnen nicht helfen, von dem Planeten wieder wegzukommen. Dazu brauchten sie ein Raumschiff – und der Zugang zum Raumflughafen war schwer bewacht.

Die SOTE-Agenten ließen sich unbesorgt entwaffnen. Die Wachposten, von denen es hier jede Menge gab, waren sowohl mit Stunnern als mit Strahlern schwer bewaffnet. Die zwei Agenten fühlten sich durchaus befähigt, diese Quelle anzuzapfen, wenn die Zeit gekommen war. »Der beste Agent«, hatte ihr Vater ihnen wiederholte Male gesagt, »ist derjenige, der improvisiren kann. Wenn man die Aktionen zu gründlich vorausplant, geht meistens etwas schief, und man sitzt fest.«

Nach der Kontrolle warteten sie in einer Reihe, um vorläufige Quartiere zugewiesen zu bekommen, ähnlich wie Helena bei ihrer Ankunft. Das diesbezügliche Gespräch verlief klaglos, sie taten auch nichts, was den Verdacht der Beamtin erregt hätte, daher wurden ihre Bilder auch nicht an Garst überspielt – und das war ein wahres Glück. Hätte er sie nämlich gesehen, so hätte er auf der Stelle den Befehl erteilt, sie zu töten. Er hatte nicht vergessen, daß dieses Agentenpaar seine Organisation auf Vesa zerschlagen hatte.

Aber Jules und Yvette entsprachem ihrem Aussehen nach genau den Typen, für die sie sich ausgaben. Man fügte ihre Fotos den Akten bei und legte sie routinemäßig ab. Das war eben der Vorteil einer grundsoliden Tarn-Identität.

Wie alle Neuankömmlinge bekamen auch die d'Alemberts eine vorläufige Unterkunft zugewiesen, die sie bewohnen sollten, bis sie sich für einen endgültigen Ort entschieden hatten. Ihre Zimmer lagen in einer Holzbaracke, und waren, obwohl weit geräumiger als die Kabinen des Raumschiffes, Himmelweit von dem Luxus entfernt, den sie eigentlich erwartet hatten. Den Prospekten, die man ihnen aushändigte, entnahmen sie, daß sie sich ihre ständige Wohnung nach Belieben aussuchen konnten, ganz nach Lage der Finanzen.

»Sieh dir mal das an«, rief Yvette aus. Die zwei Agenten waren überzeugt, daß auch diese Räume abgehört wurden. Sie mußten also jedes Wort abwägen, solange sie sich hier aufhielten. »Ich möchte diese Wohnung«, und sie deutete auf eine Bilderfolge, die wie der Katalog eines Immobilienmaklers zu schön war, um wahr zu sein.

Jules begutachtete das Bild, das sie ihm unter die Nase hielt, und heuchelte finanzielle Bedenken. »Das können wir uns nicht leisten«, sagte er matt. »Wir nehmen diese Wohnung, mit den zwei Schlafräumen.« Er deutete auf ein anderes Bild. »Die Miete ist niedriger und läßt uns Spielraum für andere Dinge.«

Sie ließen es zu einem gespielten Streit über dieses Thema kommen, schließlich aber gab Yvette nach. »Du bist immer viel zu praktisch veranlagt«, erklärte sie.

Am nächsten Tag bezogen sie tatsächlich eine Wohnung, die jener mit den zwei Schlafräumen im Prospekt ähnelte, aber doch gewisse Unterschied aufwies. Yvette gab grollend zu, daß sie annehmbar wäre, und der Zwist war beendet.

In der Zwischenzeit hatten sie außerdem die Broschüre ›Wissenswertes über den Asylplaneten‹ gelesen. Gegenwärtig gab es auf dem Planeten nur diese eine Stadt, die eine Einwohnerzahl von 27000 aufwies. Zwei Drittel davon waren ›Flüchtlinge‹ wie die d'Alemberts, alle übrigen in der Verwaltung tätig. Die Klienten konnten es sich in dieser Pensionisten-Niederlassung gutgehen lassen.

Man hatte keine Mühe gescheut, den Einwanderern ihr neues Leben so angenehm wie möglich zu gestalten. Die Stadt war geradezu ideal angelegt, sämtliche Bauten fügten sich harmonisch in die Landschaft ein. Nirgends Enge und Gedrängtheit. Parkanlagen und Grünflächen, wohin man auch sah, was sich auf die Augen sehr angenehm auswirkte. Es gab Bäder und Turnhallen, Sportplätze, Läden, Theater, Restaurants, Bars, Kasinos und andere Einrichtungen, in denen die neuen Bürger sich amüsieren konnten, ohne an die Polizei denken zu müssen.

Ein kritischer Beobachter allerdings hätte in dem Prospekt einiges vermißt. Nirgends ein Wort über die Regierung oder darüber, ob die Menschen ihr Leben hier nach eigenem Gutdünken gestalten durften. Keine Rede von Verbindungen zu anderen Welten. Und nirgends ein Wort davon, daß man den Planeten auch jemals wieder verlassen könne.

Dieser Asylplanet war in Wahrheit ein Zuchthaus ohne Gitter. Zugegeben, ein Gefängnis der Luxusklasse, aber nichtsdestoweniger ein Gefängnis. Den Insassen mußte dies zumindest im Unterbewußtsein spürbar geworden sein. Diese Menschen hatten als Verbrecher eine knallharte Vergangenheit hinter sich und konnten sich an unbegrenzten Müßiggang nicht ohneweiteres gewöhnen. Alkohol und Drogen wurden reichlich konsumiert, und es verging kaum ein Tag ohne ein paar handfeste Prügeleien in den Bars.

Der Asylplanet war demnach ein höchst unvollkommenes Paradies.

Nun aber konnten die d'Alemberts endlich ihren eigentlichen Auftrag in Angriff nehmen, nämlich Helena ausfindig zu machen und ihr eine Fluchtmöglichkeit zu verschaffen. Jules hatte gemeint, dies bedeute, daß seine Schwester endlich ihre Verabredung mit Nav aufgeben und wieder mit ihm zusammenarbeiten würde. Zu seiner Erbitterung mußte er entdecken, daß dem nicht so war.

»Du mußt es so sehen«, sagte Yvette während eines kleinen Spazierganges auf einem einsamen Weg. Seit ihrer Ankunft hatten sie fleißig Spaziergänge machen müssen, weil sie sicher sein wollten, daß man ihre Gespräche nicht abhörte. »Hier gibt es über 27000 Menschen, und wir suchen einen einzigen. Wir verdoppeln unsere Chancen, wenn wir uns trennen und einzeln auf die Suche gehen. Wenn Pias mich ausführen will – ich könnte mir keine bessere Ausrede vorstellen, in der ganzen Stadt herumzukommen. Und du bist frei und kannst dich dort umsehen, wo ich nicht hinkomme.«

Die Tatsache, daß ihr Plan seinen Wünschen nicht entgegenkam, und dennoch so sinnvoll war, regte ihn nur noch mehr auf. »Er ist dir gegenüber nicht aufrichtig«, beharrte er. »Er hat etwas zu verbergen.«

»Dauernd erhebst du diese vagen Vorwürfe. Jetzt beobachtest

du ihn schon eine Woche. Konntest du nichts Handfesteres herausbekommen?«

Da erzählte Jules ihr widerstrebend von Navs sonderbarem Verhalten in Carnerys Kabine. Yvette hörte aufmerksam zu und sagte länger Zeit gar nichts, nachdem ihr Bruder alles berichtet hatte. »Ich weiß, daß es zwischen Pias und Carnery etwas gibt. Das wußte ich gleich von Anfang an, als Pias zum ersten Mal den Mann erwähnte. Vielleicht hat er aus irgendeinem Grund etwas gegen ihn. Soll ich ihn deshalb meiden?«

»Du hast seinen Gesichtsausdruck nicht gesehen. Ich sage dir, dieser Mann ist gefährlich.«

»Alle Männer sind gefährlich«, sagte Yvette lächelnd. »Das gehört zu den ersten Lektionen, die ein Mädchen lernt, wenn es erwachsen wird. Wenn wir uns davon abhalten ließen, wäre die menschliche Rasse schon vor Jahrtausenden ausgestorben. Mehr hast du gegen ihn also nicht vorzubringen?«

»Doch. Er belügt uns außerdem hinsichtlich seiner Identität. Ich entdeckte in seiner Kabine ein Taschentuch mit dem Monogramm ›PB‹.

»Wir belügen ihn in diesem Punkt ebenfalls. Ich bin nicht Yarmilla Dubcek. Ich könnte mir viele Situationen vorstellen, in denen ein Berufsspieler zu einem anderen Namen greifen muß. Das bereitet mir keine Kopfzerbrechen, ich lege vielmehr auf die Persönlichkeit dahinter Wert. Er ist ein guter Mensch, Jules. Das weiß ich so sicher, daß mich nichts in meiner Meinung erschüttern kann.«

Sie gab ihrem Bruder einen Kuß auf die Stirn. »Lieb von dir, daß du dir meinetwegen Sorgen machst, wirklich. Ich weiß ja, du tust es nur, weil du mich liebhast. Jules, ich habe dich auch lieb. Aber denk daran, daß ich um ein Jahr älter bin. Ich kann auf mich selbst aufpassen, ehrlich. Wir sind keine Siamesischen Zwillinge, ich habe Anspruch auf ein Eigenleben. Schließlich bin ich dir auch nicht böse, wenn du mit Vonnie zusammen bist, also kannst du mir ruhig dasselbe gönnen.«

Sie sah auf die Uhr. »Leider drängt die Zeit – ich bin in zehn Minuten mit Pias verabredet und schaffe es gerade noch. Ich werde daran denken, was du mir über ihn gesagt hast, gleichzeitig werde ich nach Helena Ausschau halten. Aus diesem Grund bin ich schließlich da, ich weiß das so gut wie du. Aber ich mache das auf meine Art. *Abientot.*« Und sie lief eilig davon und ließ Jules stehen, der sich sehr frustriert fühlte, weil er sie von Navs Gefährlichkeit nicht überzeugen konnte.

Sie läßt sich zum Narren halten, dachte er wütend. Gleichzeitig aber wußte er, daß seine Schwester eine willensstarke Frau war und er ihre Meinung nicht mit ein paar Worten ändern konnte. Er verdrängte dieses Problem für den Augenblick aus dem Bewußtsein und konzentrierte sich stattdessen auf die Suche nach Helena.

*

Yvette traf sich mit Pias Nav in einem Restaurant, dessen Spezialität nagalesische Speisen waren. Er hatte sich bereits an einen Tisch vorne rechts gesetzt, doch sie tat so, als hätte sie ihn nicht sofort erspäht, was ihr Gelegenheit gab, den Raum einer unauffälligen allgemeinen Musterung zu unterziehen. Keine Spur von Helena, also nahm sie Navs Winken zur Kenntnis.

Er erhob sich, noch während sie auf ihn zukam, und beugte sich über ihre Hand. Sie bestellte die Spezialität des Hauses, eine Platte mit rohem Fisch, als Beilage Gemüse in Eierteig herausgebacken. Dazu gab es eine große Auswahl an Saucen, in die man die einzelnen Bissen eintunkte. Dadurch wurde die Mahlzeit zu einer Entdeckungsreise in die verschiedensten Geschmacksrichtungen.

Während des Essens sah der Newforester plötzlich auf und wechselte das Thema ihrer bislang nichtssagenden Unterhaltung. »Dein Bruder mag mich nicht, habe ich recht?«

»Was meinst du damit?«

»Ich bin doch nicht blind, Yarmilla. Wenn wir uns im gleichen Raum aufhalten, spüre ich seine eisigen Blicke auf mir. Und seine kurzangebundene Art, mit mir zu reden, sagt alles. Macht er dir das Leben meinetwegen sehr schwer?«

»Er ist außer sich«, sagte Yvette gedehnt. Dabei fragte sie sich, wie sie ihre Worte diplomatisch formulieren sollte. »Er spielt gern den Beschützer, obwohl ich älter bin. Unser Familienstolz ist sehr ausgeprägt, daher fürchtet er, ich würde mich nicht standesgemäß verheiraten.«

Pias Nav stieß ein kurzes Lachen aus.

»Was ist da so komisch?« fragte Yvette ihn.

Nur mit Mühe fand der Newforester zu seinem früheren Ernst zurück. »Ach, nichts. Ich frage mich nur, wie tief ich unter dir stehe. Ich bin ein Spieler und du eine Diebin. Wir beide stehen auf der gesellschaftlichen Leiter ziemlich tief unten.«

Yvette verwünschte sich, weil sie diesen schweren Fehler begangen hatte. Ihr Vater war Herzog des Planeten DesPlaines, ungeachtet der Tatsache, daß er es vorzog, als Zirkusdirektor auf Tournee zu gehen. Ehen zwischen Adeligen und Bürgerlichen waren sehr häufig und wurden in gewissen Kreisen sogar begünstigt, also gab es kein rechtliches Hindernis, falls Yvette eine Ehe mit Nav in Erwägung zog. Trotzdem war sie sicher, daß ihr hoher Rang ein Faktor war, der in Jules Überlegungen eine Rolle spielte. Doch wie sie das gesagt hatte, mußte es den Eindruck erwecken, ihre Herkunft wäre wohlgeborener, als sie eingestand.

Ein Glück, daß der Newforester ihre Bemerkung als Scherz auffaßte. In diesem Zusammenhang war es lächerlich, sich über ihren ›Rang‹ aufzuhalten.

»Ich glaube, Jaro wird keinen Mann für mich als gut genug befinden«, erklärte sie. »Brüderliche Eifersucht kann sich zu einem starken Motiv auswachsen. Aber das verstehst du vielleicht nicht.«

»Und ob«, erwiderte Nav. »Ich habe selbst drei Schwestern. Zwei sind mit Männern verheiratet, die ich als Versager ansehe. Die dritte ist erst sechzehn, und macht mir noch keine Sorgen. Aber ich weiß, was ein Bruder durchmacht. Besonders auf Newforest — dort sind die Frauen heilig. Alte Sitten sind sehr zählebig.«

Er sah Yvette lange an und wiederholte: »Heilig.«

Yvette spürte plötzlich Trockenheit im Mund. Sie zwang sich zu einem leichten Ton, als sie die nächste wichtige Frage stellte:»Bedeutet dir denn die Meinung meines Bruders etwas?«

»Ja.« Nav hatte dieses Wort im Flüsterton ausgesprochen, doch es blieb zwischen ihnen in der Luft hängen, als hätte er es hinausgeschrien. »Das heißt, außer . . . ich weiß nicht weiter, wirklich. Ich dürfte nicht zulassen, daß es mich so berührt. Wir sind doch nur zwei Wanderer, die zufällig dasselbe Ziel hatten. Wir sollten uns amüsieren und nicht zu viel an die Zukunft denken, stimmt's ?«

Yvette hatte ihren Freund noch nie so ernst erlebt. Die Verwirrung in seinen Gedanken schien ein Spiegelbild ihrer eigenen. »Ja, genau so empfinde ich es auch. Manchmal entwickeln sich die Dinge so merkwürdig. Vielleicht müssen wir uns trennen und werden uns nie wieder sehen. Warum sollen wir die Sache ernster nehmen als nötig?«

»Genau.« Er nickte. »Ehe und dergleichen kommt nicht in Frage.«

»Ich brachte das Thema niemals aufs Tapet.«

»Und ich hatte nicht die Absicht«, sagte er langsam. »Vergessen wir, daß ich es doch getan habe.« Er starrte auf seinen fast leergegessenen Teller. »Ich glaube, im Moment kann ich nicht mehr essen. Gehen wir spazieren?«

Draußen an der Luft hob sich seine Stimmung beträchtlich. Die Lage der Stadt war im Hinblick auf das milde Klima gewählt worden, und heute war das Wetter noch schöner als sonst. Die Sonne lockte rasch wieder die Fröhlichkeit in seiner Stimme hervor. Hand in Hand wanderten sie über den kühlen Rasen eines nahegelegenen Parks und sprachen nur wenig, bis er sich, einem plötzlichen Impuls folgend, ihr zuwandte und sagte:»Ich weiß, was wir jetzt unternehmen. Wir sehen uns eine Sensabel-Show an.«

»Großartige Idee«, erwiderte sie lächelnd.

Er hielt den Hut mit der unvermeidlichen frischen roten Rose in der Hand und schwenkte ihn aufgeregt. »Eine ganz romantische, ein Melodram mit Happy end. Held und Heldin trotz aller Hindernisse in Liebe vereint, küssen einander am Schluß.«

Yvette mußte lachen, als Pias einen Schwertkampf pantomimisch zum Besten gab und schließlich auf den eingebildeten Gegner mit komischen Überschwang einstach. »Ja, touche«, sagte sie. »Genau das brauchen wir jetzt. Voran, Mylord, voran!«

Die zwei jungen Leute gingen an eine Straßenecke und drückten den Knopf an einer Rufsäule. Innerhalb von zwei Minuten kam ein automatischer Zweisitzer angebrummt, blieb vor ihnen stehen, und sie konnten einsteigen. Nav drückte den Code für das öffentliche Sensabel-Theater ein. Vor ihnen leuchtete die Bildfläche auf und gab den Fahrpreis an. Nav steckte gehorsam die geforderte Münzenzahl in den Schlitz, und die gemächliche Fahrt begann.

Das Gefährt bewegte sich mit seiner Standardgeschwindigkeit von 15 Stundenkilometern vorwärts. Sie begegneten auf der Straße mehreren anderen ähnlichen Wagen, die sich mit gleicher Geschwindigkeit weiterbewegten. Diese Wägelchen waren das einzige öffentliche Transportmittel auf dem Planeten, doch vermuteten die d'Alemberts, daß die Wachorgane über Fahrzeuge verfügten, die viel schneller fahren konnten. Das Fehlen eines schnellen Verkehrsmittels trug zu der beschaulichen Atmosphäre auf dem Asylplaneten nicht wenig bei — und diente ganz zufällig auch dazu, einen eventuellen Aufruhr von seiten der Bewohner gar nicht erst richtig aufkommen zu lassen. Jules und Yvette hatte die Genialität des Systems gebührend beeindruckt.

Nav und Yvette bekamen im Theater eine Loge für sich allein. Sie gingen das Verzeichnis der zur Verfügung stehenden Vorstellungen durch und berieten lange, was sie sich ansehen sollten. Schließlich entschieden sie sich für ein Kostümepos, das im Frankreich der Renaissance-Zeit spielte. Dann lehnten sie sich in ihren Spezial-Sitzen zurück und harrten des Genusses.

Im Prinzip funktionierte der Sensabel-Projektor so ähnlich wie ein Stunner. Beides waren Geräte, die einen bestimmten Strahl auf ihr Ziel abschossen und das Nervensystem des Opfers beeinflußten. Im Falle des Stunners traten als Folge Lähmung, Bewußtlosigkeit oder gar der Tod ein, das hing von der eingestellten Stufe ab. Der Projektor jedoch zeitigte Wirkungen, die viel komplizierter waren.

Kurz gesagt, ein Sensabel-Strahl wirkte auf alle Körpersinne ein und spielte ihnen etwas vor. Er beschränkte sich nicht nur auf Gesichts- und Gehörsinn wie frühere Unterhaltungsmedien. Der Mensch, der sich diesem Erlebnis aussetzte, war nicht nur Zuschauer, sondern nahm aktiv an der Handlung teil. Obwohl sein Bewußtsein ihm sagte, daß er physisch in einer Sensabel-Zelle saß, meldeten ihm seine Sinne, daß er die um ihn in Szene gehende Geschichte tatsächlich miterlebte. Er konnte die Ereignisse sehen und hören, wie die ›Hauptperson‹, und wurde von den Düften der Szene umweht. Wenn die ›handelnde Person‹ speiste, konnte der Zuschauer die Speisen schmecken. Alles was die ›handelnde Person‹ erlebte – Schmerz, Freude, Laufen, Stehen – erlebten auch die Teilnehmer. Eigentlich war der Zuschauer eine Marionette, welche die Story des Autors in die Tat umsetzte und dabei doch gemütlich in ihrem Sessel in der Sensabel-Zelle saß. Die Sensabel-Show stellte vielleicht die höchste Stufe nachempfindenden Vergnügens dar.

Die Vorstellung, die Nav und Yvette jetzt erlebten, war genau das Richtige für ein romantisches Pärchen. Es gab zwei Hauptrollen, Held und Heldin, und die zwei Teilnehmer spielten ihre Rollen mit großem Vergnügen. Besonders Yvette fand ihre Rolle sehr unterhaltsam. Die Heroine war eine passive Frau, ganz und gar vom Helden abhängig, der sie aus allen möglichen gefährlichen Situationen erretten mußte. Im wirklichen Leben hätte Yvette sich mit dieser Sachlage niemals abgefunden, doch in diesem Zusammenhang fand sie es sehr amüsant.

Gutgelaunt verließen sie das Theater und hatten den ernsten Ton ihres Tischgespräches überrwunden. »Immer schon hatte ich das Gefühl, ich gehörte in jenes Zeitalter«, bemerkte Nav, während er den Knopf einer Ruf-Säule drückte. »Sieh dir die heutige Lage des Universums an. Wo gibt es die großen Romantiker, die nach einer Rose schmachten? Wer erklettert den Balkon der Dame und schwingt sich an ihrem Vorhang hinein? Zu Asche zerfallen sind sie, und haben die Welt den Krämern und Rechnern überlassen.«

»Es gibt schließlich dich«, sagte Yvette bewundernd.

»Ja, unseresgleichen taucht hin und wieder auf, Relikte eines längst entschwundenen Zeitalters — doch müssen wir leider feststellen, daß wir nicht in Mode sind«, seufzte er. »Ich habe ständig das Gefühl, ich sollte mit Schwert, Rose und Cape herumlaufen.«

»Rose und Cape hast du bereits. Ein Schwert wäre mancherorts nicht erlaubt und würde gar nicht zu deiner Garderobe passen.«

»Und würde indigniert hochgezogene Brauen hervorrufen«, ergänzte Nav. Ihr Gefährt traf ein, und der Newforester half Yvette beim Einsteigen, bevor er selbst einstieg. »Wohin?« fragte er.

»Zu mir«, erwiderte Yvette. »Leider bin ich sehr müde. Ich habe zu lange auf Welten mit geringerer Schwerkraft gelebt. Ich ermüde rascher, als ich eigentlich sollte.«

»Bei mir ist es dasselbe. Was gäbe ich darum, eben jetzt auf Newforest zu sein, auf einer Waldlichtung zu sitzen und, eine Zigeunerweise pfeifend, wieder mal richtige Schwerkraft zu spüren.«

Nav warf den angezeigten Fahrpreis ein und lenkte den Wagen zu Yvettes Wohnung. Während der Fahrt wurde nicht viel gesprochen. Yvette kuschelte sich an den starken, maskulinen Newforester und aalte sich in der Wärme ihrer Beziehung. Sie hatte das Gefühl, er sei genau das Richtige für sie. Ihr Wesen, ihre Wünsche, ihre Gedanken paßten so gut zueinander. Und doch wußte sie tief im Inneren, daß es stimmte, was ihr Bruder ihr klarzumachen versuchte. Sie würde hier ihren Auftrag abschließen, hoffentlich in nächster Zukunft, und dann einen anderen gefährlichen Auftrag übernehmen. Pias — der würde wahrscheinlich auch weiterziehen und seinem ureigenen Schicksal folgen.

Yvette stieß einen kleinen Seufzer aus. Die vielen ›Wenn‹ waren so wunderbar, daß es eine wahre Schande war, sie mit Realität zu verschandeln.

Sie erreichten die Ecke, an der Yvettes Wohnung lag. Das Wägelchen hielt an. Beide stiegen aus und gingen engumschlungen den schmalen Weg zu Yvettes Tür entlang. Ihr Abschiedskuß dauerte fünf Minuten, und auch dann ließen sie nur widerstrebend voneinander. Yvette war ernstlich versucht, ihn nach drinnen einzuladen, egal was Jules darüber denken mochte. Doch dann fiel ihr das bedeutungsvolle Gespräch bei Tisch ein und sie entschied, daß sie die Affäre auf der unverfänglichsten Ebene erhalten mußte, um die Sache überhaupt unbeschadet zu überstehen. »Ich muß jetzt hinein.«

Ihr Begleiter nickte. »Ich melde mich in den nächsten Tagen. Schließlich werden wir ziemlich lange hier bleiben müssen. Wahrscheinlich werden wir uns bald miteinander langweilen.«

Yvette nickte und küßte ihn auf die Nasenspitze, bevor er sich umdrehte und ging. Sie stand in der offenen Tür, bis er um die Ecke gebogen war. Dann hörte sie, wie er, eine Zigeunerweise pfeifend, gemächlich den Weg zur Straße zurücklegte.

*

Am nächsten Morgen fragte Jules sie während eines Spazierganges, wo sie den vorhergehenden Abend verbracht hätte.

»Keine Spur von Helena«, antwortete sie und wich der wahren Bedeutung seiner Frage aus.

»Ich konnte auch nichts entdecken. Langsam wird die Sache frustrierend. Was ist, wenn man sie schon entdeckte und tötete? Da können wir jahrelang suchen und werden nichts finden.«

»Nur nicht die Hoffnung aufgeben, dazu ist es zu früh. Hier leben 27000 Menschen. Wir können nicht erwarten, daß wir in den ersten Tagen gleich alle zu sehen bekommen.«

»Uns wäre schon viel geholfen, wenn du dich nicht dauernd mit einer bestimmten Person treffen würdest.«

Da explodierte Yvette. »Hör gut zu! Bruder oder nicht, du hast kein Recht, dich so in meine Angelegenheiten einzumischen. Langsam habe ich die ständige Stichelei satt. Pias war seit unserer ersten Begegnung unverändert charmant und höflich zu mir. Und auch wenn er sich plötzlich in das Ungeheuer der Oberen Galaxis verwandeln sollte, bin ich sehr gut imstande, mich zu wehren, vielen Dank.«

Jules bewahrte mit Mühe seine Fassung. »Ich kann nicht umhin, mich zu erinnern«, sagte er langsam, »daß Paul Symond unglaublich hübsch und charmant war. Zudem wissen wir, daß einer von Rustins Robotern in der Gestalt eines Mannes von einem Hochschwerkraft-Planeten arbeitet.«

Dieses Argument traf Yvette unvorbereitet. Sie blieb stehen und schnappte nach Luft. Paul Symond war der erste von ihnen entdeckte Roboter. Er war speziell geschaffen worden, Frauen zu gefallen — und einer Frau im besonderen, nämlich Kronprinzessin Edna. Dr. Rustin und sein Vorgesetzter, Herzog Fjodor vom Kolokov, hatten geplant, daß ihr Geschöpf die Prinzessin heiraten solle. Damit erhofften sie sich schließlich die Herrschaft über das Imperium. Das Eingreifen der Familie D'Alembert hatte diesen Plan zunichte gemacht. Doch sie wußten, daß es noch weitere Roboter gab. Und Yvette war selbst dabei, als sie die Tatsache entdeckten, daß darunter ein männliches Wesen von einem Hochschwerkraft-Planeten war.

Als sie ihre Sprache wiedergefunden hatte, stieß sie hervor: »Unmöglich, er kann kein . . .«

»Wieso bist du so sicher? Symond machte seine Sache wundervoll. Nur mit Hilfe einer besonderen elektronischen Ausrüstung konnten wir ihn mit Sicherheit enttarnen, und wir haben diesmal keine Spezialdetektoren mit.«

Yvette setzte sich auf einen Felsblock und starrte ins Nichts. »Er ist echt. Ich weiß, daß er es ist.«

»Du könntest ihn ja mit einer Nadel pieksen und sehen, ob er blutet.«

»Grausamer Mensch!« Sie schien ihre frühere gute Laune wiedergefunden zu haben, doch Jules spürte den Aufruhr und das Unbehagen, die unter der Oberfläche brodelten.

Und plötzlich war sein Zorn verraucht. Schließlich war sie seine Schwester, und er wollte sie nicht kränken. «Ich behaupte ja nicht, daß er ein Roboter ist«, beruhigte Jules sie. »Ich sage nur, daß Menschen in unserer Lage gar nicht vorsichtig genug sein können. Wahrscheinlich ist er es nicht. Aber es wäre schon ein verdammter Zufall, wenn ja. Wir befinden uns jetzt mitten im feindlichen Gebiet, allein, und werden vielleicht jeden Augenblick ums Leben kämpfen müssen. Wir müssen uns also über jeden Schritt klar sein, ist es nicht so?«

»Oui.« Sie sah ihn direkt an. Bildete er es sich nur ein, oder sah er wirklich eine Träne in ihrem Auge schimmern? Was immer er gesehen haben mochte, es war in Sekundenschnelle verschwunden. »Ich weiß nur«, sagte sie ruhig, »daß ich meiner Gefühle ihm gegenüber nicht mehr Herr werde, so wie es dir bei Vonnie geht. Ich verspreche aber, daß ich eine brave kleine Agentin sein und nicht zulassen werde, daß meine Gefühle der Pflichterfülluung im Wege stehen.«

»Das habe ich keine Sekunde lang bezweifelt.« Jules schenkte ihr ein ermutigendes Lächeln, das erste seit fast einer Woche. »Ich glaube, wir sollten uns für den heutigen Tag trennen. Du könntest diesen Teil hier übernehmen, während ich mich im Westen umsehe. Wir werden sehen, was uns eventuell ins Netz geht.«

»Geht in Ordnung«, sagte sie, wieder ganz beruhigt. Jules ließ sie stehen und nahm einen Wagen, der ihn zu einem Einkaufszentrum im Westen der Stadt brachte, wo er umherstreifte und mehr Augen für die Menschen als für die ausgestellten Waren hatte.

Nach zwei erfolglosen Stunden wollte er aufgeben und sein Wirkungsfeld verlagern, als er sie sah. Helena kam mit einem Päckchen unterm Arm aus einem Laden und schlug die ihm entgegengesetzte Richtung ein.

Jules' Herz machte einen Luftsprung. Helena war noch am Leben! Somit waren ihre ärgsten Befürchtungen unbegründet. Blieben nur zwei wichtige Fragen. Erstens, wie viel hatte sie von der hiesigen Organisation erfahren und zweitens, viel wichtiger, wie sollten sie alle drei jemals wieder diesen Planeten lebend verlassen?

8. Kapitel

Turbulentes Durcheinander

Jules wollte sich eben Helena an die Fersen heften, als seine scharfen Augen eine weitere Einzelheit wahrnahmen: Helena wurde beschattet. Ein Mann, der bis jetzt an einer Mauer auf der gegenüberliegenden Straßenseite herumgelungert hatte, richtete sich plötzlich auf und setzte sich parallel zu ihr in Bewegung. Sein Verhalten war unauffällig, auch bekundete er kein besonderes Interesse für Helenas Ziel, aber Jules ließ sich nicht hinters Licht führen.

Jules' Herz sank klaftertief. Wenn die hinter dieser Verschwörung steckenden Köpfe Helena so viel Bedeutung beimaßen, daß man ihr sogar zwei Beschatter hinterherschickte, dann bedeutete dies, daß man sie erkannt hatte. Und doch ließ man sie noch frei herumlaufen! Nach Jules' Ansicht konnte dies nur eines bedeuten — die Organisatoren mußten sich ungeheuer sicher fühlen. Sie wußten wohl, daß sie Helena jederzeit festnehmen konnten. Man benutzte das Mädchen also als Köder für andere SOTE-Agenten, zum Beispiel für ihn und Yvette. Daraus folgte, daß die D'Alemberts sich ihr nicht nähern durften, ehe sie nicht ausreichende Vorkehrungen zum Schutze der eigenen Tarnung getroffen hatten.

Gleichzeitig aber durfte er Helena jetzt, da er sie endlich gefunden hatte, nicht einfach davonlaufen lassen. Er mußte zumindest in Erfahrung bringen, wo sie zu erreichen war. Auf eine weitere Zufallsbegegnung durfte er nicht hoffen. Nachdem er sich vergewissert hatte, daß ihm niemand folgte, nahm er in betont unauffälliger Haltung die Verfolgung Helenas und ihrer beiden Beschatter – der zweite war eine Frau – wieder auf.

Diese heimliche Prozession schlängelte sich nun durch das Ladenviertel. Helena betrat zwei Läden und erstand einige Kleinigkeiten. Danach drückte sie an der Ecke den Knopf einer Ruf-Säule und wartete auf ein Wägelchen. Jules ging an eine andere Ecke und rief für sich ein Gefährt. Die zwei Schatten ebenfalls, wie er bemerkte. Solange er Münzen einwarf, konnte er unbegrenzt weit fahren, folglich hatte er keine Bedenken, daß sein edles Wild ihm entkommen könne. Mit Fünfzehn Stundenkilometern konnte sie weder zu schnell werden noch zu weit kommen.

Er folgte ihr bis zu ihrer Wohnung, wo sie ausstieg und ins Haus ging. Ihre zwei anderen Verfolger nahmen Standorte ein, die ihnen, wie es schien vertraut waren, und von denen aus sie den Eingang beobachten konnten. Es handelte sich also tatsächlich um Helenas eigene Wohnung, und wie Jules Wohnung, hatte auch diese hier zweifellos nur eine Tür. Jules merkte sich die Adresse und fuhr weiter, nachdem er sich vergewissert hatte, daß die zwei Beschatter ihn nicht bemerkten.

Eine Hürde war überwunden: er wußte nun, daß Helena am Leben war und wo sie wohnte. Das nächste Problem war eine verzwickte logistische Sache — wie konnte er sich mit ihr in Verbindung setzen, ohne den zwei Typen, die sie beobachteten, seine Identität zu verraten? Fest stand, daß er nicht einfach bei ihr anklopfen konnte. Sicher wurden sofort alle Besucher notiert. Helenas-Com-Leitung wurde sicher abgehört. Auch wenn er sie von einer öffentlichen Zelle anrief und nur den Code benutzte, würden ihre Beobachter merken, daß sie fremde Kontakte hatte, und würden auf der Hut sein. Er konnte warten, bis sie wieder herauskam und wegging, konnte sodann in ihre Wohnung eindringen und eine Nachricht hinterlassen — nur war zu erwarten, daß ihre Wohnung mit Mikros und Kameras gespickt war und man ihn ablichten und identifizieren würde.

Jules stellte seinen Wagen ab und wanderte die Straße entlang weiter, wobei er dieses Problem wälzte. Schließlich hatte er eine Lösung gefunden. Er betrat einen Schreibwarenladen und kaufte Schreibpapier, einen Schreiber und eine Schachtel mit Kreiden. Dann ging er zu einer Parkbank und stellte sorgfältig eine Nachricht im höchsten Geheimcode der SOTE zusammen. Dechiffriert lautete die Nachricht: ›Um Punkt sieben Uhr die folgende Nummer anrufen: 84-76-873. Das ist eine öffentliche Zelle im Beechwood Cafè. Einer von uns wird sich melden. Sagen Sie, Sie hätten sich in der Nummer geirrt und legen Sie sofort auf.‹ Dann gab er weitere Instruktionen für ein Treffen.

Kaum hatte er fertig geschrieben, sah er sich nach einem Stein passender Größe um und nahm ihn mit zu Helenas Wohnung. Er legte den Stein neben die Ruf-Säule, versteckte darunter das Blatt Papier, so daß eine Ecke kaum sichtbar hervorlugte. Hier war er außer Sichtweite von Helenas Beschattern und als er sicher sein konnte, daß es auch niemand anderer sah, nahm er ein Stück Kreide und kritzelte damit etwas auf die Ruf-Säule. Es war ein Herz. In die obere Ecke schrieb er den Namen ›Wombat‹ (seinen eigenen Code-Namen) und schräg darunter ›Periwinkel‹ Yvettes Decknamen. Dann kam ein Pfeil mitten durchs Herz.

Für den flüchtigen Betrachter war das Gekritzel das Werk eines kindlichen Gemütes, etwas was in der gesamten Galaxis zu finden war. Niemandem würde dabei einfallen, daß es auf dem Asylplaneten ja keine Kinder gab. Alle würden die Zeichnung glatt übersehen. Sie gehörte zu den Dingen, die zivilisierte Menschen nicht mehr bewußt aufnahmen.

Aber Helena war keine flüchtige Betrachterin. Jules wußte aus Erfahrung, wie rasch sie scheinbar harmlose Signale erfaßte und sie sofort aufschlüsselte. Diese Ruf-Säule war die ihrer Wohnung am nächsten gelegene, und war mit Sicherheit diejenige, die sie benutzte. Die beiden Deck-Namen würden ihrem Aktenordner ähnlichen Gehirn sofort auffallen. Ihr Auge würde der Richtung des Pfeiles folgen, der direkt auf den Stein wies. Sie würde sich unter einem Vorwand bücken und den Stein begutachten und schließlich das Papier entdecken, das sie unauffällig an sich nehmen und lesen konnte, sobald sie ungestört war.

Jules betrachtete sein Werk prüfend. Ja, tadellos. Dann entfernte er sich rasch. Je länger er hier herumlungerte, desto größer die Möglichkeit, Verdacht zu erregen. Der Plan mußte nun in die Tat umgesetzt werden. Der nächste Schritt mußte von Helena ausgehen.

Er ging zwei Häuser weiter zur nächsten Ruf-Säule und wollte eben einen Wagen kommen lassen, als er Pias Nav auf der anderen Straßenseite erblickte. Der Spieler war aus einer Seitenstraße gekommen und sah sich nach allen Seiten um, als hätte er Angst, gesehen zu werden. Den mehr als sechzig Meter weit entfernten Jules konnte er nicht sehen. Er wischte sich nervös die Hände am Anzug ab und schlug hastig die andere Richtung ein.

Jules blieb stehen. Warum dieses seltsame Verhalten? In dieser Seitengasse ist etwas passiert, womit er nicht in Verbindung gebracht werden möchte, dachte er. Möchte doch wissen, was – Yvettes wegen.

Er überquerte die Straße und bog mit gespielter Gleichgültigkeit in die Seitengasse ein. Der Abstand zwischen den Hausmauern war hier gering, und die Häuser waren so hoch, daß kaum Tageslicht hereindrang und man nur schwer etwas ausmachen konnte. Vorsichtig überkletterte er auf dem Boden verstreute Kartons und Abfälle, bis er sah, daß er in eine Sackgasse geraten war. Jules sah sich um, konnte aber auf den ersten Blick nichts Ungewöhnliches entdecken. Schon wollte er zurück zur Hauptstraße, als er auf einer feuchten Stelle beinahe ausrutschte. Er bückte sich und sah nun, daß es eine frische Blutlache war.

Die Lache wurde von einem kleinen Rinnsal gespeist, das unter einer großen umgedrehten Schachtel seinen Ursprung hatte. Jules ging näher und hob den Karton an.

Vor ihm lag Rowe Carnery. Der Pirat war geknebelt und gefesselt. Handgelenke und Kehle waren durchschnitten. Seine Kleider waren blutgetränkt, die Augen starrten in glasigem Entsetzen. Er mußte schon eine ganze Weile dagelegen haben.

Dieser Anblick erschütterte sogar Jules' eiserne Nerven. Er rückte den großen Karton wieder zurecht und trat einen Schritt zurück. Jules mußte sich an die Mauer lehnen, um einen klaren Gedanken fassen zu können.

Im Kampf gegen Pias Nav war die Endrunde erreicht. Yvette würde für einen so barbarischen, kaltblütig begangenen Mord keine Entschuldigung finden können. Dieser Mann war ein erbarmungsloser Mörder, dem Vertrauen zu schenken purer Leichtsinn war.

Rowe Carnery war ihm gleichgültig. Auf diesem Planeten hatte praktisch jedermann ein seitenlanges Sündenregister vorzuweisen. Jules ließ es fast kalt, wenn die Halunken sich gegenseitig aus dem Weg räumten. Aber seine Schwester war ihm nicht gleichgültig. Sie mußte alle Tatsachen erfahren, ehe sie sich mit dem Spieler von Newforest näher einließ.

Er sah dieser Aufgabe mit größtem Unbehagen entgegen.

*

Wie er befürchtet hatte, nahm Yvette sich die Sache sehr zu Herzen. Er war in ihre Wohnung zurückgekehrt und hatte auf ihre Rückkehr gewartet. Ein kurzes Handzeichen gab ihr zu verstehen, daß er mit ihr etwas unter vier Augen zu besprechen habe. Sie unternahmen daher einen ihrer gewohnten Spaziergänge. Er berichtete ihr, daß er Helena gefunden und ihr eine Nachricht hinterlassen hätte, was Yvette in große Erregung versetzte. Und während sie sich noch in Hochspannung befand und sich bereits den Kopf zerbrach, wie es nun weitergehen sollte, sagte er ihr, was er entdeckte, nachdem er Helena die Nachricht hinterlassen hatte.

Yvette war wie erstarrt. Sie setzte sich auf einen großen Stein und starrte vor sich hin. »Ich kann es nicht glauben«, murmelte sie halblaut.

»Ich werde dich doch nicht anlügen!«

Sie schüttelte den Kopf. »Das weiß ich. Nur . . . ich kenne doch Pias. Oder wenigstens glaubte ich ihn zu kennen. Nie hätte ich ihm das zugetraut. Sicher, er hatte seine Fehler, aber im Großen und Ganzen schien er Schwierigkeiten aus dem Weg zu gehen. Bestünde nicht die Möglichkeit, daß jemand anderer den Mord beging und er nur zufällig über Carnerys Leiche stolperte?«

Jules räusperte sich. »Nun ja, möglich wäre es immerhin. Aber am Ende einer dunklen, schmalen Gasse, wo er eigentlich gar nichts zu suchen hatte? Und nachdem ich seine Miene in Carnerys Kabine an Bord des Schiffes sah? Vielleicht eins zu einer Milliarde, daß er nichts damit zu tun hat.«

Yvette schloß die Augen und senkte den Kopf. Jules wußte, daß sie gegen einen Tränenschwall ankämpfte. »*Tu as raison*, wie immer. Ich wußte es ja, aber ich mußte diese Frage stellen.« Langsam schüttelte sie den Kopf. »Von Anfang an wußte ich, daß zwischen Pias und Carnery etwas nicht stimmte, Pias' Ton veränderte sich, wenn er von Carnery sprach. Doch schien die Sache einseitig. Carnery nahm keine Notiz von ihm.«

Sie schlug mit der Faust auf den Stein, auf dem sie saß. »Ach Pias, warum nur, warum? Warum mußtest du das tun? Warum mußte es hier und ausgerechnet jetzt sein? Warum mußte alles so kommen?«

Jules legte ihr eine Hand auf die Schulter. »Leider habe ich keine Erklärung zur Hand.«

»Letzten Monat wurde ich dreißig, und bin noch immer ›zu haben‹ wie es so schön heißt. Du mußt zugeben, daß dies in unserer Familie sehr unüblich ist. In diesem Alter sind die Frauen meist verheiratet und versorgen bereits große Familien.«

»Nun ja, du stellst selbst in unserer Familie eine Besonderheit dar. Mann und Kinder kann schließlich jede Frau haben. Aber wie viele haben das Imperium so oft gerettet wie du?«

Yvette sah auf. Sie lächelte unter Tränen und drückte ihrem Bruder die Hand. »*Mon frere*, du hast die Gewohnheit berufliche Belange in den vertraulichsten Gesprächen mit aufs Tapet zu bringen. Ja, natürlich hast du recht, ich habe höhere Verpflichtungen. Wir haben außerdem genügend Angehörige, die sich eifrig bemühen, die Familie nicht aussterben zu lassen. Wir aber müssen an die Arbeit.«

Ihre Augen waren trocken, die Stimme ruhig. Sie zitterte noch ein wenig, beruhigte sich aber immer mehr. Bald würde sie wieder ganz Yvette d'Alembert, Geheimagentin des Service of the Empire, sein – eine Spitzenkraft, die ihr Bestes gab. Pias Nav, wurde, wenn auch nicht ganz vergessen, so doch in einen abgelegeneren Winkel des Bewußtseins verbannt, wo sie ihn unter Verschluß hielt, bis sie Zeit und Muße für dieses Problem hatte.

»Wie ich die Sache sehe«, fuhr sie fort, »werden wir uns heute um sieben Uhr abends im Umkreis des Beechwood Cafes herumtreiben müssen. Wenn Helena nicht anruft, müssen wir annehmen, daß sie die Nachricht noch nicht entdeckt hat. In diesem Fall müssen wir morgen wieder dort sein.«

»*Au juste.* Wenn sie sich drei Abende hintereinander nicht meldet, sehen wir nach und versuchen etwas anderes. Aber ich glaube, sie meldet sich – sie ist ein kluges Kind!«

»So klug auch wieder nicht. Sie wird immerhin von zwei Verfolgern beschattet, und in ihrer Wohnung findet man vermutlich mehr elektronische Überwachungsgeräte als bei einem irren Erfinder.«

»Könnte ja sein, daß sie die Beschatter bemerkt hat.«

Yvette schüttelte den Kopf. »Mein Gefühl sagt mir, daß die Situation ganz anders ist. Denk daran, Helena verfügt zwar über eine erstklassige Ausbildung, hat aber keine wie immer geartete Praxis. Sie hat sich in die ganze Sache nur eingelassen, weil sie uns beweisen wollte, daß sie es schafft. Jede Wette, sie ist von ihrer Unfehlbarkeit so überzeugt, daß ihr gar nicht in den Sinn kommt, sie könnte entdeckt worden sein. Du sagtest, die Beschatter wären sehr geschickt. Helena wehrt sich vermutlich bewußt dagegen, sie zu bemerken.«

»Sie wird aber sofort Bescheid wissen, wenn sie meine Nachricht findet. Ich habe ihr alles genau erklärt.«

»Armes Mädchen, das wird ein arger Schlag für ihr Selbstbewußtsein sein. Aber sie wird es überleben. Ich wünschte nur, wir wüßten, wie wir von diesem Planeten wieder wegkommen. Die Suche nach Helena hat uns bis jetzt so in Atem gehalten, daß wir diese Sachlage nicht näher untersuchen konnten.«

»Sie kann uns in diesem Punkt vielleicht weiterhelfen. Schließlich ist sie schon wochenlang da und kennt die Verhältnisse. Sie muß wissen, in welchen Abständen die Schiffe ein- und auslaufen, wie das alles organisiert und abgeschirmt wird, und so fort.«

»Übertriebene Bescheidenheit gehört wohl nicht zu deinen Schwächen, wie? *Alors,* wir speisen heute abends im Beechwood Cafè und werden hoffentlich um sieben einen Anruf entgegennehmen, der ›falsch verbunden‹ war.«

*

Um halb sieben waren sie da und bestellten rasch ihr Essen. Sie hatten um eine Nische im rückwärtigen Teil nahe der öffentlichen Com-Zelle gebeten. Fünf vor sieben stand Yvette auf und bezog neben dem Apparat Stellung. Sie zwang sich zur Ruhe und bemühte sich, nicht zu oft auf die Uhr zu schauen, während die Minuten auf die verabredete Stunde hin verrannen.

Um Punkt sieben surrte der Apparat. Yvette hörte sich das Geräusch einige Sekunden lang an, und dann, als sie die Spannung nicht mehr aushalten konnte, nahm sie den Hörer, vergewisserte sich, daß die visuelle Übertragung abgeschaltet blieb und meldete sich mit ›Hallo‹.

»Ach, tut mir leid«, ertönte Helenas Stimme. »Ich muß die falsche Nummer gewählt haben.« Wie verabredet legte sie sofort auf.

Yvette ging zurück an den Tisch und erstattete Bericht. »Kontakt hergestellt.«

Jules reagierte mit einem kleinen Nicken. »Wir müssen uns mit dem Essen beeilen. Und nachher nichts wie nach Hause und ausschlafen. Morgen steht uns ein wichtiges Treffen bevor.«

Die zur Abschüttelung von Helenas Beschattern geplante Operation sollte anderntags um die Mittagszeit im gleichen Einkaufszentrum stattfinden, wo Jules Helena gesichtet hatte. Die Tochter des Chefs erschien pünktlich und betrat ein bestimmtes Restaurant. Es sah aus, als wolle sie vor ihrem Einkaufsbummel rasch etwas zu sich nehmen. Die zwei Beschatter wollten ihr folgen, doch wurden ihre Absichten von zwei rechtzeitig eintretenden ›Unfällen‹ vereitelt.

Yvette d'Alembert, beladen mit einer Unzahl von Päckchen, kollidierte mit der weiblichen Beschatterin und verstreute Schachteln in alle Richtungen. »Sehen Sie sich das an, Sie blindes Huhn!« kreischte Yvette. »Wenn da drinnen was zerbrochen ist . . . Haben Sie was klirren gehört?«

»Nein«, sagte die andere, die schleunigst von der Szene abtreten wollte, um die Verfolgung wieder aufzunehmen. »Nein, ich glaube nicht. Ich bin in Eile . . .«

»Kann ich mir denken«, äußerte Yvette schrill. Sie packte die

Frau am Arm, als die andere einfach davon wollte. »Und deswegen glauben Sie, ist es Ihr gutes Recht, die Leute über den Haufen zu rennen, und die Päckchen in alle Windrichtungen zu zerstreuen. Wenn Sie es nicht so eilig hätten, könnten Sie die Augen besser aufsperren und würden nicht wildfremde Menschen belästigen.«

Yvette Gejammer bewirkte, daß ein kleiner Menschenauflauf entstand, das allerletzte, was die andere wünschte. Aufmerksamkeit auf sich zu lenken gehört zu den Todsünden eines Beschatters. Die ganze Sache wurde mehr als peinlich. »Hören Sie, es tut mir wirklich sehr leid, aber . . .«

»Was nützt mir das? Bekomme ich mit Ihrem Mitleid meine Päckchen wieder zusammen, die hier überall rumliegen?« Yvette setzte sich übertrieben hinkend in Bewegung, ohne den Arm der anderen loszulassen. »Zu allem Überfluß habe ich mir auch noch den Knöchel verstaucht, als sie mich umrannten.«

»Ich habe Sie nicht umgerannt!«

»Ach – und warum liegen meine Pakete auf der Straße? Meinen Sie etwa, ich hätte sie zum Vergnügen hingeworfen? Warum hämmert es in meinem Knöchel vor Schmerz? Ich habe ein Gefühl, als würde mir jeden Moment der Fuß abfallen. Alles Ihre Schuld!«

»Ich sagte schon, es täte mir leid. Also lassen Sie mich endlich los! »Die Frau stieß Yvette beiseite und wollte in die Richtung, die Helena eingeschlagen hatte. Yvette hätte sie noch weiter aufhalten können, doch das wäre zuviel gewesen. Sie wollte nicht mehr Verdacht auf sich lenken als nötig. Sie hatte das Frauenzimmer genügend lange aufgehalten, so daß Helena das Verlangte tun konnte. Jetzt war es an dem Mädchen zu zeigen, ob sie das Zeug zu einer richtigen Geheimagentin hatte.

Der männliche Verfolger war inzwischen, ohne eine Ahnung vom Schicksal seiner Kollegin zu haben, hinter Helena ins Restaurant gelangt. Hier aber stand Jules mit einem ähnlichen Plan bereit. Der Mann ging sehr eilig, um mit Helena Schritt zu halten. Da trat ihm Jules mit einem mit Speisen und Getränken voll beladenen Tablett in den Weg. Als Ergebnis landete der Inhalt auf der Vorderfront des Anzuges des Verfolgers.

»Ach, tut mir ja so leid, daß ich Sie nicht bemerkte«, sagte Jules mit einem entschuldigenden Getue, das ihm einen Preis für Schauspielkunst eingetrage hätte. »Hier ich helfe Ihnen beim Saubermachen.«

»Ach, ist doch nicht nötig«, sagte der andere hastig. Sein einziger Gedanke galt Helena. Er durfte sie nicht aus den Augen verlieren.

»Nein, wirklich, ich bestehe darauf.« Jules umfaßte das Handgelenk des anderen mit eisernem Griff und führte ihn an einen Tisch, auf dem ein Serviettenstapel lag. Sein Gehabe war so unterwürfig, daß der andere gar nicht merkte, wie ihm geschah. Jules' Kräfte hätten ausgereicht, um ein Pferd hinter sich herzuziehen, wenn er gewollt hätte.

»Bitte, ich habe eine Verabredung«, prostestierte der Mann.

»Es dauerte nur eine Sekunde, beruhigen Sie sich«, versicherte Jules dem Kerl begütigend. »Außerdem wollen wir doch nicht, daß etwa Flecken bleiben.« Mit übertriebener Genauigkeit wischte und tupfte er mit der Rechten an dem Anzug des Mannes, während er ihm mit der Linken fest im Griff hatte. Er tauchte den Serviettenzipfel in ein Glas Wasser. »Auf diese Weise verhindern wir, daß die Flecken nicht mehr 'rausgehen«, quasselte er weiter. »Den Trick habe ich von meiner Mutter.«

»Ihre Mutter kümmert mich keinen Deut«, sagte der Verfolger wütend. Er wollte sich sachte aus Jules' Griff losreisen und mußte entdecken, daß es unmöglich war. Nun versuchte er es mit einem mächtigen Ruck. Genau in diesem Augenblick ließ Jules los, und als Folge davon fiel der Mann kopfüber rücklings über den Tisch, krachte gegen zwei andere Gäste und verschüttete deren Essen auf den Boden.

Benommen raffte sich der Mann auf, und Jules wollte ihm wieder hilfreich beistehen. Der Mann hatte sich beinahe wieder in stehende Position gebracht, als Jules' Fuß ›ausrutschte‹. Tatsächlich hatte Jules etwas Judo angewandt, um den Kerl wieder umzulegen, aber die Folgen waren dieselben: der unselige Verfolger landete erneut höchst unsanft auf dem Boden. Diesmal war er noch verdatterter.

»Auf Ihre Hilfe pfeife ich!« knurrte er, als Jules sich ihm wieder näherte. »Ich schaffe das allein, vielen Dank.«

»Na, bis jetzt sah es nicht so aus«, bemerkte Jules ruhig.

Der Mann kam langsam auf die Beine, wobei er wenig schmeichelhafte Dinge über Jules in den Bart brummte. In diesem Augenblick stürzte seine Partnerin zur Tür herein. Sie sah sich um, erkannte, daß sich ihr Kollege in einer mißlichen Lage befand und daß Helena nicht zu sehen war. Das Mädchen war durch den Vordereingang nicht wieder herausgekommen. Also lief die Beschatterin zur Hintertür, der Mitarbeiter dicht hinter ihr.

Das Restaurant hatte eine Hintertür, die auf eine Seitengasse führte. Die Hintertüren mehrerer Geschäfte mündeten in eben dieselbe Gasse, aber es war niemand zu sehen. Die Frau bedeutete ihrem Kollegen, er möge sich links umsehen, während sie nach rechts lief. Beide erreichten auf ihrer Seite das Ende der Gasse, konnten aber keine Spur von Helena entdecken. Sie rüttelten an allen Türen und entdeckten, daß alle von innen versperrt waren.

Als sie wieder im Restaurant anlangten, waren auch die zwei Personen verschwunden, deren ›Ungeschicklichkeit‹ sie so aufgehalten hatte. Sie waren ebenso gekonnt verschwunden wie Helena.

Voll banger Ahnungen gingen die zwei zur nächsten Vidicom-Zelle. Sie mußten ihren Boß davon in Kenntnis setzen, daß sie ihr Zielobjekt verloren hatten. Garst würde nicht erfreut sein.

*

Sobald sie sah, daß Jules seine Schau abzuziehen begann, wurde auch Helena aktiv. Jules hatte ihr in seiner Nachricht mitgeteilt, daß er in der Gasse hinter dem Restaurant einen Wagen auf sie warten lassen würde, und tatsächlich, da stand einer. Er hatte ihn mit reichlich Münzen gefüttert und den Motor laufen gelassen, so daß man ihn nicht zum örtlichen Generalverteiler abberufen konnte. Helena sprang rasch hinein und fuhr die Gasse entlang hinaus zur Straße. In dieser Situation war natürlich die Geschwindigkeit von fünfzehn Stundenkilometern unerträglich langsam. Helena wurde das Gefühl nicht los, daß sie zu Fuß schneller weitergekommen wäre. Bis zum Ende der Gasse wäre das auch richtig gewesen, aber Jules hatte an eine größere Entfernung gedacht. Laufen war schneller, aber es hätte sie erschöpft, und die Verfolger hätten sie einholen können. Die Karren waren langsamer, aber stetiger und konnten unendlich weit fahren.

Helena bog um die Ecke und reihte sich in den allgemeinen Verkehr ein. Es war die Zeit der Mittagspause, und es fiel ihr nicht schwer sich zwischen den vielen anderen Wägelchen unauffällig durchzuschlängeln. Nach zwanzigminütiger Fahrt mit vielen Umwegen reichte sie den ihr von Jules als Treffpunkt angegebenen Park. Sie stieg aus und ging zu der Baumgruppe, die Jules ihr beschrieben hatte.

Die d'Alemberts stießen nach drei Minuten zu ihr. Ihre Personenbeschreibung war nicht so bekannt – die Verfolger hatten sie nur kurz angesehen, und das unter eiligen Umständen – daher hatten sie auf ihrem Weg nicht so viel Vorsicht walten lassen müssen.

»Ach, wie schön, euch wiederzusehen«, rief Helena und gab ihnen nacheinander einen Kuß. »Aber was treibt ihr hier?«

»Wir wollten nach Ihnen sehen«, sagte Jules ernst. »Eine Person mit Ihrer Verantwortung hat nicht das Recht, sich in Gefahr zu begeben, wenn ihr danach zumute ist. Wenn das in Ihrem Kopf gespeicherte Wissen an die Falschen gerät, wird die gesamte SOTE in große Schwierigkeiten geraten.«

»Aber . . .« Helena wollte protestieren.

»Außerdem«, unterbrach Yvette sie, »steht Ihr Vater Ihretwegen Todesängste aus. Wenn man Ihnen schon nicht mit beruflichen Argumenten kommen kann, dann wenigstens mit persönlichen. Halten Sie es für richtig, ihn so zu behandeln?«

»Man hätte Sie jederzeit töten können«, fuhr Jules mit der Gardinenpredigt fort. »Das ist auch jetzt noch möglich, ja sogar noch wahrscheinlicher, weil Sie die Verfolger abgeschüttelt haben. Ist das die Sache wert?«

Helena ließ den Kopf hängen. »Es tut mir leid.«

»Ja, und es wird Ihnen noch mehr leid tun, wenn wir Sie nach Hause schaffen. Wenn überhaupt.«, fügte Yvette als düstere Warnung hinzu. »Im Moment ist die Frage des Entkommens unsere größte Sorge. Die Strafe hat Zeit. Sie haben sich nun mehrere Wochen hier aufgehalten. Haben sie etwas für uns Nützliches in Erfahrung bringen können?«

»Nicht annähernd soviel, wie ich wollte«, gestand Helena. »Ich habe praktisch nichts darüber erfahren, wer die Drahtzieher sind. Die Verwaltung wird hier sehr diskret und fast unmerklich ausgeübt. Man will keine Publicity. Erfahren habe ich nur, daß alles von einem Gebäudekomplex am Nordrand der Stadt aus geleitet wird, einen knappen Kilometer vom Raumflughafen entfernt. Dort steht eine Reihe von niedrigen weißen Gebäuden ohne besondere Verteidigungseinrichtungen. Doch die Sicherheitsorgane scheinen in einem Bereich viel Zeit zu verbringen. Die genaue Adresse lautet 666 Crowley Drive. Sicher geht da draußen etwas vor, doch konnte ich noch nicht hinein, um Genaueres zu erfahren.«

»Das Fehlen sichtbarer Verteidigungsanlagen könnte bedeuten, daß man stattdessen hochentwickelte geheime Systeme verwendet«, überlegte Jules laut. »Oder aber, es gibt nichts Bewachenswertes da draußen. Das läßt sich schwer beurteilen. Und wie steht es mit den Schiffen? Wenn wir fort wollen, brauchen wir ein Transportmittel«

»Auf dem Gelände des Raumflughafens gibt es jede Menge Schiffe. Der Planet hat weder Landwirtschaft noch Industrie und muß alles importieren. Deswegen sind die Preise einfach skandalös.«

Yvette stieß einen leisen Pfiff aus. »Und man füttert hier Tag für Tag 27000 Menschen durch. Dazu ist eine enorme Organisation nötig.«

»Um die Lebensmittel heranzuschaffen, wären hundert Schiffe pro Tag notwendig«, meinte Jules.

»Ja, und damit kratzen wir nur die Oberfläche an. Auch die Luxuswaren müssen von irgendwoher kommen«, sagte Helena.

»Ich habe selbst Berechnungen darüber angestellt – gelegentlich kann ich ja richtig denken. Diese vielen Ladungen müssen koordiniert werden. Sie müssen anderswo abgezogen werden, da dieser Planet offiziel kartographisch nicht verzeichnet ist. Allein der Papierkrieg muß enorm sein. Dazu das Jonglieren mit all den Ladungen, ohne das jemand Verdacht schöpft.«

»Wir sprechen von einer das Imperium umfassenden Verschwörung«, sagte Jules. »Vielleicht hängt sie sogar mit der Roboterverschwörung zusammen.«

»Wenn ich nicht mit eigenen Augen gesehen hätte, wie Garst in die Aufbereitungsanlage fiel«, sagte Yvette, »könnte ich schwören, das alles hier trägt seine Handschrift. Erstens, das spurlose Verschwinden von Menschen. Zweitens, die großartige Organisation. Drittens – nun, er war Erster Ratgeber der Markgräfin Gindir auf Vesa, einem luftlosen Mond, der alles importieren mußte, um eine viel größere Bevölkerung als die hiesige ernähren zu können. Wenn jemand weiß, wie man das aufzieht, dann ist er es.«

»Sicher hat er kein Monopol auf diese Talente«, sagte Jules. »Aber es ist trotzdem ein seltsamer Zufall. Vielleicht ist der hiesige Boß einer seiner Mitarbeiter oder er hat von Garsts Methoden gehört.«

Jules merkte, daß die Erwähnung Garsts seine Schwester aufregte. Während ihrer Ermittlungen auf Vesa hatte Yvette eine Romanze mit einem gewissen Dak Lehman, der schließlich wie viele andere als Opfer von Garsts Mord- und Rauborganisation sein Leben lassen mußte. Yvette hegte noch immer bittere Gefühle gegen den dafür verantwortlichen Garst. Dieser war in einen Behälter mit Chemikalien gefallen, als Yvette ihn durch die Aufbereitungsanlage von Vesa hetzte. Trotz seines sicher nicht angenehmen Todes fühlte sich Yvette um ihre Rache geprellt.

Nach den schrecklichen Neuigkeiten über Pias Nav zerrte die Erwähnung Garsts zusätzlich an Yvettes Nerven. Jules wechselte daher das Thema, bevor das Gespräch noch beklemmender wurde. »Eigentlich spielte es keine Rolle, wer im Moment hinter der Operation steht. Wir müssen unbedingt von hier fort, damit wir dem Hauptquartier Bericht erstatten können. Um die Detailarbeit kümmert sich dann der Service.«

Yvette nickte zustimmend. »Wir dürfen jetzt nicht mehr in unsere Wohnungen zurück. Helena, der Boß weiß inzwischen sicher, daß Sie seine Leute abgehängt haben, was bedeutet, daß Sie dazu einen triftigen Grund hatten. Er ließ Sie nur deswegen frei herumlaufen, weil er glaubte, er könne sie gründlich beobachten lassen. Und jetzt haben Sie ihm einen Strich durch die Rechnung gemacht. Sobald er Sie wieder zu fassen kriegt, wird er Sie töten oder verhören lassen.«

»Und unsere Steckbriefe werden überdies die Runde machen«, ergänzte Jules. »Zwar konnten uns die zwei Beschatter nicht genauer unter die Lupe nehmen, aber man wird sich jeden schnappen, der uns nur entfernt ähnlich sieht.«

Helena zuckte die Achseln. »Aus meiner Wohnung brauche ich nichts, bis auf ein paar Notizen vielleicht. Aber ich habe zum Glück alles auswendig gelernt. Ich glaube, uns bleibt nichts übrig, als zum Raumflughafen zu laufen und uns an Bord eines startklaren Schiffes zu schleichen, ehe man uns ein Entkommen unmöglich macht.«

»Genau.« Jules wußte, daß alles Vorangegangene – die Einbrüche, das Gejagtwerden durch die Polizei, die Ankunft auf dem Asylplaneten unter falschem Namen – so hart es gewesen sein mochte, doch nur ein Kinderspiel war im Vergleich mit dem bevorstehenden letzten Stadium ihres Auftrages. Sicher würde man die gesamten Sicherheitsorgane dieser Verbrecherzuflucht aufbieten, um zu verhindern, daß sie mit den gewonnenen Informationen entkamen. Diese Informationen bedeuteten nämlich den sicheren Untergang für die Organisatoren des Asylplaneten.

Das SOTE-Trio mußte von nun an jeden Schritt sorgfältig abwägen – denn jeder Schritt konnte zugleich der letzte sein.

9. Kapitel

Ein Hinterhalt und ein Verbündeter

Garst ließ mit unverhüllter Wut seine Faust auf die Schreibtischplatte niedersausen. »Was heißt das, Sie haben sie verloren?« kläffte er.

Die Frau, die Helena beschattet hatte, schrumpfte sichtlich zusammen. Obwohl sie über das Vidicom vom Restaurant aus Bericht erstattete, war die Wut des Chefs so gewaltig, daß sie diese über den Bildschirm voll mitbekam. »Sie hatte Komplizen«, erklärte sie matt. »Damit hatten wir nicht gerechnet.«

»Das stimmt«, ergänzte ihr Begleiter. »Bis zu diesem Augenblick gab es auch keine Anzeichen dafür, daß sie von unserem Vorhandensein wußte.«

»Und deswegen seid ihr auf das dümmste Ablenkungsmanöver reingefallen, wie?« Garsts Stimme troff vor Zynismus. »Hat man euch nicht gesagt, sie wäre eine hohe SOTE Charge? War euch nicht klar, daß sie ungewöhnlich versiert sein mußte? Habt ihr euch nicht denken können, daß wir mit unserer Beschattung unter anderem feststellen wollten, ob sie Verbündet hatte?« Angewidert unterbrach er die Verbindung. Er stand auf und umwanderte seinen Schreibtisch.

Als sich seine Wut nach diesem Rundgang – wenn auch nur um ein Geringes – abgekühlt hatte, setzte er sich wieder und drückte eine Taste seiner Spechanlage. In Sekundenschnelle erhellte sich der Bildschirm und zeigte das Gesicht von Jinda Rawling, seiner Sicherheitschefin. »Ich nehme an, Sie haben den letzten Bericht auf Monitor aufgenommen«, sagte Garst.

»Jawohl«, antwortete die Frau. »Ich muß mich für die Unfähigkeit meiner Leute entschuldigen. Ich hätte gedacht, ihre Ausbildung ließe solche Pannen nicht zu.«

»Sparen Sie sich die Entschuldigungen, dafür ist es zu spät. Wie wollen Sie die Frau wieder aufspüren?«

»Auf Ihre Anordung hin brachten wir Richtungswanzen in allen ihren Kleider an während sie außer Haus war. Diese Wanzen mußten sehr klein sein, damit sie unbemerkt bleiben, daher ist auch ihre Reichweite auch auf nur einen Kilometer beschränkt. Ich habe Suchmannschaften losgeschickt, welche die Stadt nach einem bestimmten Schema durchkämmen. Wir können das gesamte Stadtgebiet in einer Stunde durchmachen. Mit etwas Glück können wir sie sogar schon früher fassen.«

»Gut. Halten Sie mich auf dem laufenden.«

»Jawohl. Und was sollen wir mit ihr machen, wenn wir sie finden?«

Garst wog die verschiedenen Möglichkeiten gegeneinander ab. »Überwachen Sie sie mittels Fern-Trivisor«, sagte er sodann. »Jetzt glaubt sie, sie wäre uns entwischt und macht vielleicht einen Fehler. Eine Stunde ist verdammt lang. In dieser Zeit kann man eine ganze Welt verlieren. Rawling, sehen Sie zu, daß Sie die Zeit einhalten. Eine Minute länger, und Sie sind Ihren Job los.«

»Etwas anderes habe ich nicht erwartet, Sir.« Rawling war stolz auf ihre Arbeit und sogar etwas empfindlich, was dieses Thema betraf. Sie hatte ihre Leute erbarmungslos gedrillt, und sogar Garst mußte zugeben, daß sie zu den am besten ausgebildeten Privatarmeen gehörten, die er je gesehen hatte.

Garst bedachte sie mit einem knappen Nicken und schaltete ab. Er vertraute auf Rawlings Fähigkeiten, obwohl zwei ihrer Leute eine Schlappe erlitten hatten. Ja, vielleicht konnte er diese Schlappe sogar in einen Vorteil für sich ummünzen. Die SOTE-Leute, die hier ihr Ziel so mühelos erreicht hatten, unterschätzten vielleicht seine Abwehrmöglichkeit – was sich als tödlicher Irrtum ihrerseits erweisen würde.

Er drehte sich zum Computer um, drückte einige Tasten und ließ ihn eine Kopie der bis jetzt über Helena von Wilmenhorst vorliegenden Unterlagen ausspucken. Er überflog hastig die Zeilen und nahm das Wichtigste mit einem Blick in sich auf. Die junge Dame war während ihres verhältnismäßig kurzen Aufenthaltes hier sehr aktiv gewesen, hatte aber wenig Bedeutsames in Erfahrung gebracht. Einige Male hatte sie im Bereich des Hauptquartieres herumgeschnüffelt, ein Eindringen war ihr jedoch nicht geglückt. Sie hatte deshalb auch keinen wirklichen Schaden anrichten können. Sie hatte die ganze Stadt gründlich erkundet und kannte sich wahrscheinlich sehr gut aus, aber das taten auch Rawlings Leute. Somit war auch dieser Vorteil wettgemacht. Sie hatte viel Zeit auf dem Raumflughafen verbracht und erkundet, nach welchem System die Schiffe landeten und starteten. Nun, er würde dafür sorgen, daß ihre Kenntnisse in dieser Hinsicht ausgelöscht wurden.

Im Großen und Ganzen hatte er das Gefühl, daß er immer noch im Vorteil war. Herzogin Helena wußte zwar genau, wie es in der Stadt, nämlich an der Oberfläche, zuging, aber das war auch alles. Nach den Berichten zu schließen, hatte sie keine Ahnung von dem unterirdischen gemauerten Gangsystem, durch das seine Truppen jeden Punkt der Stadt in Minutenschnelle erreichen konnten. Alles deutet darauf hin, daß Helena nicht bewaffnet war. Ihre Fluchthelfer stellten zwar noch immer ein Rätsel dar, aber es sah ganz so aus, als könnten sie gegen seine Leute nicht viel ausrichten.

Die SOTE hatte also den ersten Schritt getan. Garst befeuchtete die Lippen vor Erregung über die bevorstehende Konfrontation. Das Abwartespiel hatte sich zwar interessant gestaltet, doch in letzter Zeit hatte seine Aufmerksamkeit nachgelassen. Die heutige Aktion ließ den Kampf wieder aufleben. Jetzt würde sicher alles rasch zu einem Ende kommen.

Seiner Ansicht nach gab es für die drei Infiltratoren nur drei Möglichkeiten. Ersten, sie konnten aus der Stadt fliehen, hinaus in das noch nicht erschlossene Land jenseits der Grenzen der Zufluchtsstadt. Doch da draußen waren sie zu Fuß, ohne Vorräte für einen längeren Aufenthalt. Seine Truppen waren gut bewaffnet, bekamen Nachschub und konnten das Gelände mit Koptern und Panzerwagen absuchen. Die Fluchtchancen waren also sehr gering.

Zweitens konnten sie einen Frontalangriff auf das Hauptquartier unternehmen. Damit wäre wenig erreicht. Sie mußten schließlich wissen, daß er auch gegen so kleine Invasionen wie die ihre, seine starken Verteidigungseinrichtungen anwenden würde. Auch wenn es ihnen gelang einzudringen und im Inneren irgend etwas anzurichten, mußten sie erst wieder heraus und vom Planeten wegkommen, damit sich das Erreichte bezahlt machte – und dafür gab es nur eine verschwindend kleine Chance.

Drittens konnten sie einen Fluchtversuch auf dem Flughafen inszenieren. Das erschien Garst als die wahrscheinlichste Möglichkeit. Ein flüchtiger Beobachter mochte zu der Ansicht gelangen, bei dem starken Verkehrsaufkommen und dem dauernden Wirrwarr, die Verteidigungseinrichtungen verhältnismäßig einfach umgehen zu können. Doch seit Helenas Ankunft hatte Garst die Überwachung des Raumflughafens vervierfacht. Er konnte innerhalb von fünf Minuten weitere Verstärkung schicken. Nein, der Raumflughafen war ebenso abgesichert wie jeder andere Punkt auf diesem Planeten.

Theoretisch brauchte er sich über den Ausgang der Operation keine Sorgen zu machen. Dennoch ertappte er sich dabei, wie er das Zifferblatt der Uhr auf seinem Schreibtisch anstarrte und sich ungeduldig fragte, warum Rawlings Ergebnisse so lange auf sich warten ließen.

Die Minuten schleppten sich dahin. Garst war nicht imstande, sich auf eine andere Arbeit zu konzentrieren. Er lief in seinem Büro auf und ab und las den Bericht über Helena zwei weitere Male durch. Schließlich erschien fünfundvierzig Minuten nach Helenas Verschwinden Rawlings Gesicht auf dem Bildschirm der Sprechanlage.

»Wir konnten ihre Position trigonometrisch ausmachen«, meldete die Sicherheitschefin.

»Wo ist sie?«

»Draußen im Park. Wir schaffen sofort ein Team mit Spezialkameras im Kopter hin, so daß Sie den Schauplatz selbst in Augenschein nehmen können.«

Garst wartete mit verzweifelter Ungeduld, bis endlich das Gesicht der Rawling von einem verschwommenen, wackligen Bild dreier Gestalten in einem Park abgelöst wurde, die friedlich inmitten von Gebüsch saßen. In der Mitte Helena von Wilmenhorst, die sich offenbar mit zwei alten Freunden unterhielt.

Doch war es nicht Helena, an der Garsts Blick hängenblieb. Die beiden Gestalten an ihrer Seite, ein Mann und eine Frau, waren ihm erschreckend vertraut. Er war der Frau einmal begegnet, damals, als sie sich Carmen Velasquez nannte, der Mann war damals unter dem Namen Georges duChamps aufgetreten. Doch hatte er zu seinem großen Kummer erleben müssen, daß es sich um zwei unglaublich begabte Menschen handelte, die ein Team bildeten. Er wußte, daß sie für irgendeine Abteilung der Polizei arbeiteten – da sie Freunde der von Wilmenhorst waren, mußten sie Agenten der SOTE sein.

Die beiden hatten seine Organisation auf Vesa total ausgelöscht – eine Organisation, die er zwanzig Jahre lang gehegt und gepflegt hatte. Nur einem Trick hatte er es zu verdanken, daß er mit dem Leben davongekommen und der rasenden Wut dieses Weibes entkommen war.

In seinen Alpträumen mußte er immer wieder erleben, wie ihre Gesichter aus großer Ferne ganz nahe auf ihn zu kamen. Dann streckten sie ihre starken Arme aus, packten ihn, hoben ihn in die Luft und schüttelten ihn wie eine Stoffpuppe, bis deren Füllsel ausgeronnen war. Aus diesen gräßlichen Träumen erwachte er zitternd und schweißgebadet. Und das letzte Traumbild, das Gesicht dieser Frau von DesPlaines, das ihn mit unerbittlichem Haß anstarrte, verfolgte ihn bis in den Wachzustand.

Garst geriet auch jetzt, beim Betrachten der unscharfen Figuren auf dem Bildschirm, ins Schwitzen, ja, sogar ins Zittern. Er wußte nicht, wie lange er so dasaß und hinsah, doch plötzlich riß ihn eine Stimme aus seinem Tag-Alptraum. Rawling meldete sich, während das Bild noch zu sehen war. »Wir haben an Hand unserer Unterlagen ihre Identität festgestellt. Es sind Jaroslav und Yarmilla Dubcek, Geschwister. Sie sind vor wenigen Tagen aus Cordoba eingetroffen.«

»Mir egal, wie sie sich nennen, sie sind das reinste Gift!« Das schrie Garst geradezu heraus. »Ich hatte mit ihnen schon zu tun. Sie verfügen über übermenschliche Talente. Wir müssen sie auf der Stelle töten.«

»Ist das ein Befehl?«

»Ja. Bei der ersten Gelegenheit – mit Strahlern, nicht mit Stunnern. Sie dürfen keine Gelegenheit zur Gegenwehr bekommen. Sie sind nämlich menschgewordene Blitze.«

»Der Kopter ist augenblicklich zu weit weg. Wenn er näher herangeht, können sie aufmerksam werden. Wenn Sie wollen, schicke ich sofort einen ganzen Trupp in zwei Minuten hin . . .«

»Ja . . . nein! Sie werden bald von sich aus etwas unternehmen.« Garst schüttelte den Kopf, um klarer denken zu können. »Sie sind aus einem einzigen Grund hierhergekommen – sie wollen mich schnappen. Sie entdeckten, daß ich am Leben bin, und wollen jetzt zu Ende führen, was sie damals begannen. Sie werden sich also bald auf den Weg zum Hauptquartier machen, um mich dort auszuräuchern. Aber sie werden mich nicht kriegen. Rawling, ich möchte, daß Sie alle Ihre Leute um dieses Gebäude hier zusammenziehen. Diese drei dürfen keinesfalls herein.«

»Alle meine Leute? Auch die vom Raumflughafen?«

»Sie haben mich richtig verstanden.« Garst verfiel in eine völlig unvernünftige Angstpsychose.

»Und alle drei sollen erschossen werden?«

»Ja. Wenn ihr aber die von Wilmenhorst lebend fangt, umso besser. Aber das ist zweitrangig. Tötet die anderen zwei auf alle Fälle und mit allen Mitteln.«

Jinda Rawlings, die in ihrem Privatbüro allein war, schnalzte leise mit der Zunge. So hatte sie ihren Chef noch nie erlebt, und das machte ihr Sorgen. Wenn den nicht zu beirrenden Garst etwas so erschreckte, mußte es von Wichtigkeit sein. Sie würde also dafür sorgen, daß alle ihre Leute Anweisung bekamen, die zwei DesPlainianer sofort und ohne zu Zögern zu töten.

Wie alle guten Taktiker hatte sie jedoch ihre Zweifel, ob es klug wäre, sämtliche Truppen von einem strategisch so wichtigen Punkt wie dem Raumflughafen abzuziehen. Wenn Garst recht behalten sollte und das SOTE-Trio das Hauptquartier angriff, würden die Wachen sie abwehren, wenn nicht gar töten. Die flüchtenden Agenten würden sich mit an Sicherheit grenzender Wahrscheinlichkeit zum Raumflughafen wenden. Indem sie wenigstens ein Ersatzkontingent draußen beließ, konnte sie die drei in einer Zangenbewegung festnehmen.

Ich werde die zusätzlichen Truppen abziehen und die normale Mannschaftsstärke draußen belassen, dachte sie im Widerspruch zum Befehl des Chefs. Wenn er mich dann in die Zwickmühle nimmt, kann ich immer noch sagen, ich hätte ihn mißverstanden.

*

Das SOTE-Trio bewegte sich verstohlen zu Fuß durch die Straßen der Asylstadt. An die langsamen Vehikel getrauten sie sich nicht mehr heran. Wenn man sie in einem dieser Karren sah, wäre das gleichbedeutend mit Selbstmord gewesen. Sie verdrückten sich daher in Seitenstraßen oder ließen sich von Passantenscharen weiterschieben.

Am Spätnachmittag hatten sie die Einfahrt des Raumflughafens erreicht und versteckten sich bis zum Sonnenuntergang hinter einem der Gebäude. Sie mußten sich die Nacht zum Verbündeten machen, obwohl es auf dem Flugfeld nie völlig dunkel wurde. Die riesigen Flächen wurden von Flutlichtern taghell erleuchtet, da der Strom landender Raumschiffe nicht einen vollen halben Tag versiegen durfte, so stark war der Planet von Importen abhängig.

Während der Wartezeit konnten Jules und Yvette das Feld ausgiebig beobachten, die Standorte der Wachen und ihren Kontrollgangrhythmus feststellen.

»Mich macht das nervös«, sagte Jules. »Ich sehe hier viel zu wenig Posten. Die müßten doch wissen, daß wir diese Richtung genommen haben.«

»Und ich dachte mir, es vereinfacht die Sache«, meinte Helena.

Yvette schüttelte den Kopf. »Die Posten, die man nicht sieht, sind weitaus gefährlicher als die sichtbaren.«

»Ach so.«

Die Dunkelheit kam, und die Anzahl der Posten wurde nicht erhöht. Mit jeder Sekunde des Zögerns wuchs die Gefahr des Entdecktwerdens. Jules und Yvette waren sich einig, daß sie jetzt handeln mußten, ob sie nun die Anlage genau kannten oder nicht. Jules gab das Zeichen, und die zwei Frauen folgten ihm.

Als erstes mußten sie sich Waffen verschaffen. Sie standen im Kampf gegen eine ganze Armee, den sie unbewaffnet unmöglich bestehen konnten. Zu diesem Zweck erkletterten sie einen nahegelegenen Turm, auf dem ein paar Wachen postiert waren, abgesondert vom Hauptkontingent der Bewacher. Man würde diese Männer eine ganze Weile nicht vermissen, und überdies stellten sie in ihrer Isolation eine leichte Beute dar.

Helena wurde als Aufpasserin unten zurückgelassen. Sie lechzte zwar nach Aktivität, ließ sich aber überzeugen, daß hier besondere Umstände vorlagen. Sie mußten an der Außenwand des Wachturmes hinaufklettern und dann sofort kampfbereit sein. Der Raum auf der Plattform war begrenzt. Jules und Yvette konnten zwar als Kampfeinheit eng beisammen bleiben, aber ein Dritter konnte unter so bedrängten Umständen zur Gefahr werden. Widerstrebend willigte Helena ein, unten zu bleiben und zur Warnung einen Pfiff auszustoßen, sollte Gefahr im Verzug sein.

Die zwei Agenten erklommen entgegengesetzte Seiten der Metallkonstruktion und benutzten Drähte und Verankerungen als Halt. Ihr Aufstieg erfolgte völlig lautlos. Helena warf gelegentlich einen Blick nach oben, und konnte die beiden nicht entdecken, obgleich sie wußte, daß sie oben waren. Sie gestand es sich nur ungern ein, aber sie hätte unter diesen Umständen wirklich einen Hemmschuh dargestellt.

Jules und Yvette kamen gleichzeitig oben an und sahen jetzt, was da oben auf der rundum offenen Plattform los war. Drei Mann in der Mitte, völlig unbekümmert und ahnungslos. Jules war zutiefst beunruhigt. Den Drahtziehern des Asylplaneten mußte doch inzwischen klar sein, daß das SOTE-Trio vom Raumflughafen aus den Fluchtversuch starten würde. Warum wurden die Sicherheitsbestimmungen so lax gehandhabt?

Nun, es war jedenfalls das Beste, sich die Situation zunutze zu machen, solange sie existierte. Jules sah seine Schwester auf der anderen Seite drüben und versuchte ihre Aufmerksamkeit auf sich zu lenken. Auf ein Kopfnicken hin wurden die zwei Rasenden von DesPlainers aktiv.

Mit einem Satz über die Brüstung landeten sie inmitten der

Dreiergruppe. Jules versorgte den einen sofort mit einem grundsoliden Kinnhaken. Yvette verstetzte ihrem ersten Opfer einen gezielten Schlag. Der Unglückliche klappte zusammen. Sie drehte sich um und sah gerade noch, wie Jules den Dritten mit einem Tritt außer Gefecht setzte. Der Mann stieß pfeifend die Luft aus und taumelte rücklings gegen Yvette. In weniger als fünf Sekunden hatten die d'Alemberts den Wachturm erobert.

Als sie sich über die am Boden Liegenden beugten und sie entwaffnen wollten, stellten sie zu ihrer Verwunderung fest, daß die Männer durchwegs Strahler trugen. »Bei denen gibt es nichts Halbes«, stellte Yvette fest, und Jules nickte betroffen. Falls die übrigen Posten ebenso bewaffnet waren, würde sich ihr Fluchtversuch in ein höchst gefährliches Spiel verwandeln. Leider war es die einzige Möglichkeit.

Sie kletterten die Leiter hinunter, und Jules stattete Helena mit dem dritten erbeuteten Strahler aus. Sie nahm die Waffe kommentarlos entgegen, obwohl ihr die daraus resultierenden Folgen klar sein mußten. Dann setzte sich das Trio querfeldein in Bewegung. Es hielt auf ein Schiff zu, das eben entladen worden war und bald wieder starten würde.

Wegen des milden Klimas ließ man die ausgeräumten Schiffsladungen einfach am Rande des Feldes stehen, bis sie weiter befördert wurden, und stapelte sie nicht erst in einem Lagerhaus. Die Folge davon war, daß die leere, ebene Fläche zwischen Einfahrtstor und Schiffen sich stattdessen als Durcheinander von Kisten, Steigen, Büchsen und anderen Behältern darbot. Alle diese Dinge boten den drei Agenten Deckung während ihrer Annäherung an das Schiff, so daß sie trotz der hellen Flutlichter, die über das Gelände in gewissen Abständen hinwegstrichen, ungesehen weiterkamen.

Sie hatten die Scheinwerfer ursprünglich als besondere Gefahr angesehen, mußten aber die Erfahrung machen, daß sie ihnen eigentlich das Leben retteten. Wäre es nicht so hell gewesen, hätte Yvette vielleicht nicht die Patrouille bemerkt, die sie fast das Leben gekostet hätte.

Bis zur ersten Kistenreihe hatten sie es geschafft. Vor ihnen lag nun das freie Feld. In einer Lagebesprechung faßten sie den

Entschluß, die Strecke in einem einzigen schnellen Lauf zwischen den Lichteinfällen zu wagen. Sie warteten, bis der nächste Lichtschwall vorüber war, als Yvette links ein helles Blinken bemerkte. Das Flutlicht wurde von der Gürtelschnalle eines Postens reflektiert, der etwa zwanzig Meter von ihnen entfernt in ihre Reihe geschlichen kam. Die Wachen kamen mit schußbereiter Waffe und entdeckten die Eindringlinge fast gleichzeitig.

Jetzt war Deckung nicht mehr nötig. Ihre Anwesenheit war entdeckt. *»Allez hopp!«* rief Yvette warnend, und setzte sich auch schon in Bewegung. Von Helena waren Blitzreaktionen nicht zu erwarten, außerdem war sie der eigentliche Grund ihrer Mission. Sie war es, die es zu beschützen und unversehrt zur Erde zu bringen galt. Daher zielte Yvettes Reaktion in Helenas Richtung. Sie sprang auf das Mädchen zu, stieß sie rüde beiseite in einen Kistenstapel, der lautstark umfiel.

Der Ausruf seiner Schwester bewirkte blitzschnelles Reagieren bei Jules. Er tauchte links weg – auf die Angreifer zu – und versetzte gleichzeitig seinen Körper in eine Drehbewegung, so daß er ein schwer zu treffendes Ziel darstellte. Jules krachte in einen Kistenstapel, der kaskadenartig über ihm zusammenbrach. Der Anprall machte ihn leicht benommen, doch die Kisten waren es, die nun an seiner Stelle Ziel des Strahlenfeuers waren. Einige waren aus Holz und fingen lichterloh zu brennen an. Jules spürte die Hitze an seinem Gesicht, seine Augenbrauen wurden versengt als er sich unter dem Stapel hervorkämpfte, um das Feuer der Wachtposten zu erwidern.

Er stand drei Männern und einer Frau gegenüber, die ihn gnadenlos unter Beschuß nahmen. Mit einer Geschwindigkeit, die er nur seiner Herkunft zu verdanken hatte, wich er den sich überschneidenden Strahlen aus, und kam mit leichten Verbrennungen davon, bis er ein paar Metallbehälter gefunden hatte, die ihm bessere Deckung boten. Jetzt endlich konnte er zurückfeuern, und einer der Gegner ging sofort zu Boden. Die anderen nahmen dies zum Anlaß, sich ihrerseits nach Deckung umzusehen.

Jules machte sich diese kleine Pause – insgesamt vier ganze

Sekunden – zunutze, verließ sein Versteck und sauste den Kistengang entlang . . . mit atemberaubender Geschwindigkeit. Seine Gegner jedoch hatten keine Zeit, sich beeindrucken zu lassen. Sie merkten nur, daß er der Reichweite ihrer Waffen fast entkommen war und ein sich schnell bewegendes Ziel abgab. Unter diesen Umständen mußten sie ihn verfehlen. Es blieb ihnen nichts übrig, als die Verfolgung aufzunehmen. Sie ließen die Deckung fahren und liefen los.

Während des Laufens sah Jules sich nach seiner Schwester und Helena um. Nirgendwo eine Spur von den beiden. Gut. Innerhalb weniger Minuten würde man in der ganzen Stadt von ihrer Anwesenheit auf dem Flughafen wissen und die Streitkräfte hier in diesem Bereich konzentrieren. Vielleicht vergrößerte er die Fluchtchancen Yvettes und Helenas, wenn er als Köder die Verfolger ablenkte. An die Folgen dachte er nicht. Sein Sinnen und Trachten galt dem Erfolg der Mission. In der alten Tradition der d'Alemberts stehend, bedeutete ihm sein Tod wenig, wenn er damit der Sache des Imperiums einen Dienst erwies.

Inzwischen hatten Yvette und Helena mit eigenen Problemen zu kämpfen. Beide waren nach Yvetts einleitendem Sprung ebenfalls in einem Kistenstapel gelandet. Helena, für die diese plötzliche Aktion ganz unerwartet kam, schnappte nach Luft, doch Yvette ließ ihr keine Verschnaufpause. Jetzt zählte jede Millisekunde. Sie zog Helena hinter sich her über den Boden, bis sie wieder hinter einem Kistenstapel Deckung fanden.

Der Suchscheinwerfer war über sie hinweggeglitten, und sie befanden sich in völliger Dunkelheit, doch dieser Zustand würde nicht lang dauern. Der Lärm, den die Bewegung in diesem Bereich hier verursachte, würde sehr bald die Flutlichter auf sich lenken, die sich dann sicher auf dieser Stelle konzentrierten. Yvette hörte, wie Strahler abgeschossen wurden. Sie nahm an, daß ihr Bruder wenigstens einige der Wachtposten in Schach hielt, doch mochte es weitere geben, die in der Finsternis nach den zwei Frauen suchten. Ihre einzige Überlebenschance lag in ihrer großen Beweglichkeit. Nicht ein einziges Mal wagten sie stehenzubleiben.

Helena hustete und schüttelte benommen den Kopf. Yvette zog sie unsanft hoch. »Kommen Sie«, flüsterte sie, »wir dürfen nicht stehenbleiben.« Und insgeheim fügte sie hinzu: Du wolltest Außendienstluft schnuppern. Jetzt hast du sicher die Nase voll für dein ganzes Leben. Leider wird dieses Leben vielleicht nicht mehr allzulange dauern.

Helena unternahm einen heldenhaften Versuch, auf die Beine zu kommen und schaffte es. Das lange schwarze Haar hing ihr in wirren Strähnen ins Gesicht, so daß sie kaum sehen konnte, wohin sie trat. Yvette führte sie an der Hand und verlangsamte ihren Schritt beträchtlich. Nichts zu machen. Helena mußte hier heil weggeschafft werden.

Wieder streiften sie die Flutlichter, Sirenen heulten durch die Nacht. Das Geräusch bohrte sich den Frauen in den Kopf und brachte die Gedanken durcheinander. Yvette ging jetzt nicht mehr verstandesmäßig vor und verließ sich nur noch auf ihre geübten Instinkte. Wenn die ihr nicht mehr weiterhelfen konnten, war es ohnehin aus.

Vor ihnen hob sich im Lichtschein eine Silhouette ab. Yvette gab reflexartig einen Schuß ab, und die Figur verschwand. Weitere Gestalten tauchten auf. Sie stieß Helena aus der Schußlinie und begann selbst einen nervösen Tanz, um den tödlichen Strahlen auszuweichen.

Ohne Vorwarnung loderte plötzlich neben ihre eine Flammenwand auf. Offenbar enthielten die Behälter in diesem Bereich brennbares Material, und ein Strahlenschuß hatte sie in Brand gesetzt. Innerhalb weniger Sekunden stieg die Hitze unerträglich, und schwarzer, dicker Rauch legte sich über das Gelände.

Yvette war nicht die einzige, die an dem Rauch halb erstickte – auch ihre Verfolger waren Gefangene des Infernos. Das Husten verräucherter Kehlen drang an ihre Ohren und vermischte sich mit dem hysterischen Sirengeheul. Instintiv lief sie fort von den Hustengeräuschen, und merkte dann erst, daß Helena nicht mehr da war.

Sie sah sich verzweifelt um. Die Augen brannten. Durch einen Tränenschleier hindurch glaubte sie zu sehen, wie Helena von einem der Wachtposten gepackt wurde. Er zog die wild um sich Tretende und Beißende mit sich fort. Dann tauchten weitere Wachen auf, umstellten die Szene und entzogen Helena ihrer Sicht.

Sie mußten Helena retten! Dieser eine Gedanke dröhnte in ihrem Bewußtsein. Doch als sie ihr nachlaufen wollte, fiel ein Stapel brennender Kisten um und versperrte ihr den Weg. Funken sprühten nach allen Richtungen. Die Hitze zwang sie zum Rückzug, und als sie endlich wieder hinsehen konnte, war Helena endgültig verschwunden.

Ihre Überlebensinstinkte gewannen die Oberhand. Wenn es im Moment unmöglich war, die Mission zu erfüllen, dann mußte sie sich retten, damit sie diese später zu einem guten Ende bringen konnte. Sie flüchtete vor dem Feuer und schoß sich den Weg frei, indem sie alle ihr zufällig über den Weg laufenden Posten umlegte. Mit jeder Sekunde schienen mehr aufzutauchen, und mit der Munition wurde es langsam knapp. Sie blieb neben dem verkohlten Leichnam eines ihrer Beinahe-Mörder stehen und tauschte mit ihm die Waffen. Er würde die seine nie wieder brauchen.

Jetzt war das ganze Flugfeld in Licht getaucht und von Truppen umstellt. Aus allen Richtungen hörte sie ihre Zurufe. Sie waren bemüht, koordiniert vorzugehen, um Yvette leichter fangen zu können. Nach den Stimmen zu schließen, mußten es mindestens fünfzig sein.

Es war einer der seltenen Augenblicke in Yvettes Leben, da sie ihr Mut verließ. Gegen fünfzig Mann konnte sie allein nicht aufkommen. Auch wenn sie mit ihrem Bruder Rücken an Rücken kämpfte, war das Verhältnis von fünfundzwanzig zu eins ein sehr ungünstiges – und der Gegner bekam laufend Verstärkung.

Furcht war es nicht, was Yvette jetzt spürte. Sie hatte sich schon längst damit abgefunden, daß sie einst im Dienst für das Empire sterben würde. Was ihr zu schaffen machte, war der Gedanke, daß sie bei ihrer jetzigen Mission versagt hatte. Der Tod nach einem Erfolg war etwas Glorreiches; nach einem Mißerfolg war er etwas Schändliches.

Plötzlich hörte sie ein donnerndes Geräusch, Reifenquietschen, Krachen. Aus dem Nichts tauchte eine langgestreckte niedrige Limousine auf, schwarz, fünf Meter lang und fast drei Meter breit. Der Wagen kam mit halsbrecherischer Geschwindigkeit dahergerast und brachte im Wege stehende Kistenstapel zum Einsturz.

Vor Yvette blieb der Wagen knirschend stehen, eine Seitentür wurde aufgestoßen. Sie wollte automatisch losfeuern, doch ihr Instinkt hielt sie zurück. Sie glaubte über dem allgemeinen Getöse eine Stimme zu vernehmen: »Rasch, steig ein!«

Sie hatte nichts mehr zu verlieren und stieg ein. Sobald sie sich gesetzt und noch ehe sie die Tür schließen konnte, schoß der Wagen bereits vorwärts, brachte weitere Kartonstapel zum Einsturz und vermehrte die allgemeine Verwirrung.

Der Fahrer fuhr so wagemutig und reaktionsschnell, daß sie überzeugt war, es müsse sich um ihren Bruder handeln. Ihr erster Blick im Halbdunkel des Wageninneren verstärkte ihren ersten Eindruck. Dann aber merkte Yvette, daß sie wieder den Fehler beging, den sie schon einmal begangen hatte.

Der Mann am Steuer war niemand anderer als Pias Nav.

10. Kapitel

Verhöre

Tausend Gedanken überstürzten sich in Yvettes Kopf, zahllose Fragen bedrängten sie. Das alles aber schob sie als momentan unwichtig beiseite. Im Augenblick spielte es keine Rolle, welche ruchlose Verbrechen Nav begangen hatte. Er hatte sie gerettet, das allein zählte. Später, bei einer passenden Gelegenheit konnte man die Schuldfrage erörtern.

Statt ihm zu danken oder ihn zu fragen, was er hier trieb, waren ihre ersten Worte: »Mein Bruder.«

Nav verstand sofort, was sie meinte, und nickte dazu. Er drückte den Beschleuniger, und der Wagen schien einen Satz vorwärts zu machen, als es nun auf die Suche nach Jules ging. Das plötzliche Auftauchen des Wagens verwirrte die Gegner vollends. Es war zwar einer ihrer Wagen, doch er benahm sich völlig unerklärlich. Einige ahnten die Wahrheit und feuerten dem Wagen Schüsse nach. Die wenigen, die trafen, prallten wirkungslos von den Metallwänden ab. Yvette vermutete, daß der Wagen so dick gepanzert war, daß er Handfeuerwaffen widerstehen konnte. Doch nur wenige Schüsse trafen auch nur annähernd. Nav fuhr wie ein berechnender Irrer, schleuderte von einer Seite zur anderen, und das so rasch, daß niemand so schnell reagieren und richtig zielen konnte.

Nach einer wilden Fahrt, die eine halbe Minute dauerte, erreichten sie eine Gruppe von Bewaffneten, die sich an einer bestimmten Stelle zusammengerottet hatten. Sie waren erregt wie eine Hundemeute, die ein Wild gestellt hatte. Jules hatte einen Lasten-Traktor entdeckt und ihn vor eine Gebäudemauer geschoben. Der Traktor gab ihm Deckung, hinter der er hervorfeuerte, ohne daß die anderen genau zielen konnten. Im Augenblick hielt er sie noch in Schach, doch wenn erst seine Munition verbraucht war, würde er den Gegner hilflos ausgeliefert sein.

Nav fuhr die Meute von hinten an, von wo sie keinen Angriff erwarteten. Um nicht überfahren zu werden, zerstreuten sie sich, Nav sauste durch die Menge hindurch ins Niemandsland und kam schleudernd vor Jules zum Stehen. Yvette riß die Tür auf und rief *»Ici!«*

Eine zweite Aufforderung war nicht nötig. Mit einem hastigen Blick vergewisserte er sich, daß in diesem Augenblick niemand in Schußposition war. Dann setzte er über den Traktor hinweg und legte die Entfernung zum Wagen so blitzschnell zurück, daß alle bloß erstaunt zwinkerten. Yvette rückte näher an Nav heran und machte ihrem Bruder Platz. Wie vorhin, so wartete Nav auch jetzt kaum ab, bis Jules drinnen saß und beschleunigte auch schon bis zum Äußersten. Er riß den Wagen herum und hielt nun auf eine kleine Rotte von Wachen zu, die sich nach seinem letzten Manöver wieder formierten. Die Männer stoben abermals auseinander, als Nav hindurchraste und in seinem Kielwasser Verwüstung hinterließ.

Nav, der keinen Grund sah, langsamer zu werden, ließ sich nun von keinem Hindernis mehr aufhalten. Er beschleunigte sein Fahrzeug bis zu der Höchstgeschwindigkeit und hatte die Haupteinfahrt hinter sich, ehe die anderen einen Wagen erreicht hatte und die Jagd aufnehmen konnten.

*

Garst war wütend auf sich selbst. Diesmal habe ich sie überschätzt, dachte er. Ich dachte schon, ihre Anwesenheit wäre ein Beweis dafür, daß sie die Wahrheit über mich erfahren hätten. Das stimmt gar nicht. Die wollten nur Nachforschungen über den Asylplaneten anstellen.

Er war froh, daß er eine Sicherheitschefin wie Rawling hatte. Hätte sie sich allein nach seinen Anweisungen gerichtet, wäre das Trio entkommen, und er hätte Lady A sein Mißgeschick mit einem Idiotengesicht beichten müssen. Diese Rawling hatte bemerkenswert rasch reagiert. Auf das erste Alarmsignal vom Raumflughafen her, konnte sie ihre gesamte Mannschaft auf die Beine bringen und schleunigst hinschaffen. Nur ihren Bemühungen war es zu verdanken, daß man Helena von Wilmenhorst unversehrt geschnappt hatte. Die zwei anderen waren entkommen, aber das war nicht Rawlings Fehler. Kein Mensch hatte mit dem an ein Wunder grenzenden Eingreifen eines Mannes gerechnet, bei dem es sich wohl um einen vierten SOTE-Agenten handeln mußte.

Rawling hatte sich natürlich entschuldigt und ihm versichert, ihre Leute durchkämmten bereits die ganze Stadt. Auf Dauer könne ihnen niemand entwischen. Garst nickte. Er wußte, wie recht sie hatte.

»Jetzt sehe ich mir mal meine Beute an. Schicken Sie diese von Wilmenhorst herein«, sagte er laut.

Helena wurde hereingerollt. Man hatte sie an einen Stuhl gefesselt und ihr als weitere Vorsichtsmaßnahme ein leichtes Beruhigungsmittel gegeben, um sie von weiteren Fluchtversuchen abzuhalten. Aber nicht einmal die Droge konnte verhindern, daß ihr Gesichtsausdruck bei seinem Anblick von Schock und Entsetzen kündete. Sie zog die Brauen hoch und stieß leise »grundgütiger Gott« hervor.

»Sie erkennen mich also, Euer Gnaden?« redete Garst sie mit ihrem formellen Titel an. Sie sollte wissen, daß er sie erkannt hatte.

»Ich . . . ich kenne Sie von Bildern her. Sie sind Garst. Aber . . . Sie sind doch tot.«

»Ein übertriebenes, aber mir sehr gelegenes Gerücht. Zweifellos beschrieben Ihre Freunde meinen Untergang in allen Einzelheiten.«

Helena reagierte auf diese Bemerkung nicht, und Garst fuhr in seiner Rede fort: »Ja, wahr ist, daß ich zu laufen anfing, als ich sah, wie dieses Weib sich auf mich stürzte. Ich rutschte aus und sauste durch die Tür auf den großen Bottich mit Wiederaufbereitungschemikalien zu. Ein wahres Glück, daß am Rande des großen Tanks ein schmaler Steg für die Arbeiter verläuft. Auf diesem Steg landete ich und lief zum Hinterausgang, bevor jemand an der Tür erschien und mir nachsah. Da man mich nicht sehen konnte, nahm man an, ich wäre in die chemische Lösung gefallen und zersetzt worden. Ich wollte ihnen die Illusion nicht rauben. Stattdessen kehrte ich Vesa so rasch als möglich den Rücken und knüpfte sodann Kontakte an, die schließlich dazu führten, daß ich die Leitung der hiesigen Operation übernahm.«

Er setzte sich in einen Stuhl neben die Hilflose. »Ich war so entgegenkommend und habe Ihnen über mich allerlei erzählt. Möchten Sie sich nicht revanchieren. Was treiben Sie hier?«

Helena sah ihn wortlos an.

»Ich weiß, daß Sie Herzogin Helena von Wilmenhorst sind. Erste Assistentin Ihres Vaters, des Chefs der SOTE.«

Helena machte große Augen, sagte aber noch immer nichts.

»Aber es gibt so vieles, was ich nicht weiß und wissen müßte. Wer Ihre Freunde sind, beispielsweise, und was ich von ihnen zu erwarten habe. Aber das werden Sie mir nicht verraten, stimmt's?«

Das Schweigen des gefesselten Mädchens dauerte an.

Garst stieß einen Seufzer aus und stand auf. »Ich habe nichts anderes angenommen. SOTE-Mitarbeiter sind dafür bekannt, daß sie mit Informationen zurückhalten, selbst unter Folter. Man sagt auch, daß man sie gegen die meisten Wahrheitsdrogen konditioniert. Bleibt also nur eine Möglichkeit.«

Er ging an den Schreibtisch und zog aus dem obersten Schubfach eine mit einer farblosen Flüssigkeit gefüllte Spray-Dose. Helena bezweifelte keinen Augenblick, daß es sich bei dieser Flüssigkeit um Nitrobarb handelte. Unter dem Einfluß dieses Wahrheitsserums würde sie Garst alles sagen, was er wissen wollte – und ihre Chancen, diesen Eingriff zu überstehen, lagen bloß bei fünfzig Prozent, selbst wenn Garst sich entschloß, sie nicht zu töten.

»Nein, nicht«, sagte sie. »Ich will reden.«

»Ein liebenswürdiges Angebot, Euer Gnaden – aber in diesem Stadium unserer Beziehung nicht sehr vertrauenswürdig. Sie würden mich fließend und nach besten Kräften belügen und mir Lügen auftischen, die gerade soviel Wahrheit enthalten, daß sie glaubwürdig klingen. Ich glaube, da halte ich mich lieber an bewährte Methoden.«

Er kam näher, und sie zerrte verzweifelt an den Fesseln – vergeblich. Garst injizierte ihr die Droge in den Arm, und in Sekundenschnelle verfiel sie in ein tiefes Koma, das den ersten

Schritt der Wirkungsfolge darstellte. In weiteren zwanzig Minuten würde sie sich in einem Zustand halben Wachseins befinden und ihm alles sagen, was sie wußte.

Garst lehnte sich behaglich zurück und wartete ab. Er fühlte sich plötzlich sehr zuversichtlich. Er hatte so viel Zeit.

*

Die drei Flüchtlinge ließen den gestohlenen Wagen stehen, als sie den Flughafen hinter sich hatten und ihren Verfolgern zunächst entkommen waren. Da alle drei von Welten mit hoher Schwerkraft stammten, konnten sie miteinander schritthalten und sich rasch vom Wagen entfernen. Damit waren sie in Sicherheit – für eine kurze Weile zumindest.

In einer Gasse zwischen einer Reihe von in der Nacht geschlossenen Läden suchten sie Zuflucht. Dort blieben sie stehen, warteten, bis sie wieder zu Atem gekommen waren und berieten sodann ihre nächsten Schritte. Jules zeigte sich besonders bestürzt über das Geschehene und die daraus resultierenden Folgen. Er hatte Nav bis jetzt keine Fragen gestellt, weil er ebenso wie Yvette wußte, daß ihre einzige Hoffnung darin lag, möglichst rasch davonzulaufen. Nun aber, da sie momentan außer Gefahr waren, da hatte er doch ein paar Fragen auf dem Herzen.

»Natürlich möchte ich mich bedanken, daß Sie uns das Leben retteten«, begann er, »aber ich möchte wissen, was Sie denn da draußen getrieben haben.«

»Wahrscheinlich würden Sie mir nicht glauben, wenn ich sage, ich war in der Nähe und habe Ihr Licht gesehen«, sagte Nav mit gewinnendem Lächeln. Jules reagierte nicht darauf, und Navs Lächeln erlosch. »Na gut, ich werde die Wahrheit sagen. Ich habe die Nase voll von diesem Planeten und wollte nichts wie fort. Mein Zigeunerblut, nehme ich an. Ich stand also draußen vor dem Raumflughafengelände und überlegte, wie man da am besten hineinkommt, als drinnen urplötzlich alles explodierte. Ich sah, daß ihr beide zu kämpfen hattet und wollte helfen.«

»Weil Sie ein so gutes Herz haben, wie?« höhnte Jules.

»Größtenteils Ihrer Schwester wegen«, schoß der Spieler zurück. »Ich bin . . . nun ja, an ihrem Wohlergehen sehr interessiert.«

Jules schnaubte vor Wut und Yvette schaute weg. Nav sollte ihren Blick nicht sehen können.

»Also was ist mit euch beiden los? Eben habe ich euch das Leben gerettet und ernte nichts als Kritik. Könnt ihr euch nicht denken, daß ich deswegen jetzt tief in der Klemme sitze? Was erwartet ihr eigentlich von mir?«

Jules sah in offen an. »Wie wär's zur Abwechslung mal mit der Wahrheit?«

Jetzt war die Reihe an Newforester, den Blick abzuwenden. »Was soll das heißen?«

»Das soll heißen, daß Sie in Wirklichkeit nicht Pias Nav heißen«, eröffnete ihm Jules. »Das Monogramm in Ihrem Taschentuch lautet PB.«

»Ich habe viele Feinde. Die Erfordernisse machen es notwendig . . .«

»Und ich habe gesehen, was Sie Rowe Carnery angetan haben.« Eiskalt stieß Jules diese Worte hervor.

Zehn Sekunden lang hing Schweigen in der Luft. Man sah Navs angespannte Halsmuskeln. Er ballte und öffnete nervös die Faust. Schließlich wandte er ihnen den Rücken zu. »Einem Gespann von Dieben schulde ich keine Erklärungen«, sagt er brüsk.

Yvette packte seinen Arm und drehte ihn zu sich. »Und was ist mit mir? Schuldest du mir eine Erklärung?«

So standen sie einander gegenüber, erstarrt für Ewigkeiten wie es schien. Ihre Blicke waren ineinander fixiert, ihre Mienen undurchdringlich. Nav gab als erster nach. Er ließ die Schultern hängen und starrte auf seine Füße hinunter. »Also, gut, Yarmilla.« Seine Stimme war kaum mehr als ein Flüstern. »Deinetwegen.«

Er setzte sich auf den Rand einer Mülltonne. »Was meinen Namen anlangt, so stimmt es – zur Hälfte wenigstens. Mein Vorname ist Pias, aber mein Familienname lautet Bavol. Ich stamme wirklich von Newforest, aber bis vor wenigen Jahren war ich eigentlich kein Spieler. Vielleicht wäre ich niemals fort von Newforest, hätte es Rowe Carnery nicht gegeben.

Damals war ich mit Miri verlobt, einem wunderschönen Mädchen. Ich möchte euch nicht langweilen, indem ich euch von meiner Liebe vorschwärme. Ich habe sie sehr geliebt. Miri fuhr nach einem Besuch auf Appeny nach Newforest zurück. Sie hatte ein Vermögen in Juwelen bei sich, die sie in einem eigens für sie in er Kabine installierten Safe unterbrachte. Sie war die einzige Person an Bord, die wußte, wie sich der Safe öffnen ließ.

Kurz vor der Ankunft auf Newforest wurde das Schiff von Piraten geentert. Sie wußten, daß ihnen bloß eine knappe Stunde Zeit blieb, ehe das Schiff in die Atmosphäre um Newforest eintrat und sie eine Begegnung mit der Kaiserlichen Marine riskierten. Den Kapitän töteten sie auf der Stelle, als er schwor, er wüßte nicht, wie das Safe zu öffnen sei. Miri war nicht so gut dran.

Man . . . verhörte sie, das ist die mildeste Umschreibung. Miri war immer eine halsstarrige Person. Sie wollte nicht reden. Die Piraten hatten es eilig und wandten primitive, aber schmerzhafte Foltern an. Schließlich mußten sie aufgeben und sich aus dem Staub machen, als die Marine an Bord kam. Miri hatte ihren Schmuck noch – doch die Juwelen nützten ihr nicht mehr viel.«

Der Newforester ballte die Fäuste und schloß die Augen. Sein Atem ging stoßweise, das Sprechen machte ihm Mühe. Auf der Stirn glänzten Schweißtropfen.

Mir fehlen die Worte, um zu beschreiben, was man ihr angetan hatte. Es war grauenhaft. Man schaffte sie auf Newforest in ein Krankenhaus. Ich durfte sie gar nicht besuchen, ehe man ihr das Blut abgewaschen hatte, trotzdem . . . trotzdem . . .« Er würgte an den Worten und kämpfte, um seine Fassung wiederzuerlangen.

»Drei Tage lang dauerte ihr Sterben. Ich verbrachte die ganze Zeit über an ihrer Seite. Gegessen habe ich keinen Bissen. Hin und wieder schüttete ich eine Flüssigkeit in mich hinein, wenn man mir ein Glas in die Hand drückte. Was ich da zu mir nahm, weiß ich nicht. Man hatte die Ärmste bis oben mit schmerzstillenden Mitteln vollgepumpt, und hatte doch das Entsetzen aus ihrem Bewußtsein nicht verdrängen können. Jedesmal wenn ich ihr in die Augen sah, blickte mir daraus Schrecken, Schmerz . . .«

An dieser Stelle konnte er nicht mehr weiter und fing zu schluchzen an. Instinktiv rückte Yvette näher. Sie umschlang ihn mit ihren Armen und hielt ihn ganz fest. Pias Bavol drückte sein Gesicht an ihre Schulter und weinte sich minutenlang aus, während Yvette ihm zärtlich übers Haar strich und leise und beruhigend auf ihn einredete. Jules stand abseits und kam sich höchst überflüssig vor.

Schließlich sah Bavol auf. »Ich muß mich entschuldigen«, sagte er heiser. »So lange mußte ich mich zurückhalten und nun . . .«

»Ist schon gut, das kann ich ja verstehen«, besänftigte Yvette ihn. »Erzähl weiter.«

Bavol fuhr sich mit dem Ärmel über die Augen und hatte sich soweit beruhigt, daß er fortfahren konnte. »Ein paar helle Momente hatte sie noch und konnte mir den Anführer der Piraten einigermaßen genau beschreiben. Sie erwähnte einen Anhänger, den er an einer silbernen Kette um den Hals trug. Diesen Anhänger konnte sie ganz genau beschreiben. Nach . . . nach ihrem Tod schwor ich mir, sie zu rächen. Du weißt, ich sagte einmal, unsere Frauen auf Newforest wären sehr behütet. Dieser Pirat hatte eine unverzeihliche Sünde begangen und jemandem, den ich liebte, grausame Schmerzen zugefügt und ihn getötet. Von da an weihte ich mein Leben der Rache.

Ich verließ die Heimat und machte mich auf die Suche nach diesem Ungeheuer. Seinen Namen erfuhr ich sehr bald – Rowe Carnery hieß er – aber ihm auf den Pelz zu rücken, war eine andere Sache. Ich nahm den Namen Pias Nav an, mimte den herumziehenden Glücksspieler und Tagedieb. Das kam meiner eigenen Persönlichkeit entgegen und ich entdeckte, daß die Menschen viel offner mit einem sprachen, wenn man vorgab, aus ihrem Milieu zu stammen.

Carnery bewies große Beweglichkeit und reiste von einem Planeten zum anderen. Das war einer der Gründe, warum ich seiner so schwer habhaft werden konnte. Ich war ihm schon lange auf der Spur, ohne daß er es ahnte. Schließlich landeten wir auf Cordoba. Kurz bevor ich ihn schnappen wollte, bemühte er sich um eine Fahrt zum Asylplaneten. Mir blieb nichts übrig, als auch hinzufahren. An Bord des Schiffes wagte ich es nicht, ihn zu töten. Es hätte zu wenig Verdächtige gegeben, und man hätte mich wahrscheinlich entdeckt. Hier aber war die Lage anders, und meine Chancen, unentdeckt zu entkommen, viel größer.« Er machte eine Pause und sah Jules offen an. »Ich schwöre, daß Carnery der einzige war, den ich tötete – in meinem ganzen Leben. Und ich bereue es nicht. Ich kann mit diesem Ausbund an Grausamkeit kein Mitleid haben – nicht nach dem, was er Miri antat.«

»Einen Augenblick«, sagte Jules. »An Bord des Schiffes behaupteten Sie, Sie hätten auf Cordoba jemanden getötet und hätten den Planeten Hals über Kopf verlassen müssen. Das wäre der Grund für Ihre Fahrt zum Asylplaneten.«

Bavol lächelte verlegen. »Da habe ich gelogen. Als ich entdeckte, daß Carnery zum Asylplaneten wollte, mußte ich ein paar Dinge drehen, damit ich selbst mit gutem Grund um Asyl ansuchen konnte. Ich verfolgte zwei Schläger, die für einen Kasinobesitzer arbeiteten, und beobachtete, wie sie jemanden töteten, der verloren hatte und nicht zahlen wollte. Ich arrangierte alles so, daß die Beweise auf mich deuteten, hinterließ meine Fingerabdrücke und verließ mich auf die Polizei. Jetzt hatte ich eine Empfehlung, um ebenfalls an Bord gehen zu können. Ich habe Ihnen insgesamt so viele Lügen aufgetischt, daß Sie mir jetzt vielleicht nicht glauben, aber es ist die Wahrheit, das schwöre ich.«

Yvette sah ihn ernst an. »Ich glaube es.« Dann wandte sie sich ihrem Bruder zu. Ihre Miene gab ihm zu verstehen, daß sie keinen Widerspruch duldete.

Diesmal ließ sich Jules Zeit mit einer Entscheidung. Bavols Erklärung klang logisch. Sie erklärte den Mord, den haßerfüllten Gesichtsausdruck des Newforesters in Carnerys Kabine und alle anderen Ungereimtheiten in seinem Verhalten. Bavols Gefühlsausbruch war echt, davon war Jules überzeugt. Wenn er diesen außergewöhnlich blutigen Mord auch nicht billigte, so mußte er in Anbetracht der besonderen Gründe Bavols zugeben, daß er vielleicht ähnlich gehandelt hätte. Wenn er sich vorstellte, man hätte seiner Verlobten, Yvonne Roumenier, ähnliche Grausamkeiten zugefügt, überlief es ihn kalt.

Außerdem hatte Bavol sein Leben aufs Spiel gesetzt, um sie zu retten. Das mußte man ihm hoch anrechnen. »Na gut«, sagte Jules mit einem Kopfnicken. »Ich glaube Ihnen.«

»Da wäre etwas, daß ich jetzt abklären möchte«, sagte Bavol. »Jetzt haben wir meine Identität aufgeklärt. Wie steht es mit euch beiden? Nach alldem zu schließen, das ich mit euch bis jetzt erlebte, werde ich das Gefühl nicht los, daß ihr keine gewöhnlichen Diebe seid.«

»Wir sind die Diebe, nach denen die Polizei auf Cordoba fahndet«, sagte Yvette und umschrieb damit die wahre Sachlage.

»Aber das ist doch nicht euer Hauptberuf, oder?«

Eines mußte man dem Mann lassen, dachte Jules. Er war nicht dumm. »Leider können wir im Moment darüber nichts Näheres sagen.«

Bavol sah Yvette an, die nur den Kopf schüttelte. »Bitte, frage nicht weiter«, sagte sie.

Der Newforester zog die Schultern hoch. »Dann bleibe ich für den Moment ein Glücksspieler und ihr zwei Einbrecher – und wir alle rennen um unser Leben. Wir dürfen hier nicht mehr lange herumsitzen, sonst wird man uns entdecken. Wir müssen uns entweder verstecken oder so rasch als möglich von diesem Planeten verschwinden.«

Yvette schüttelte den Kopf. »Bevor wir hier abhauen, müssen wir noch etwas erledigen. Eine Freundin sitzt hier in der Klemme.«

»Ja, die habe ich kurz während des Getümmels sehen können.

»Wir müssen sie entweder mitnehmen oder mit Sicherheit feststellen, daß sie tot ist.«

Bavol stieß einen leisen Pfiff aus. »Na, das wird uns ein gutes Stück Arbeit kosten. Ihr habt nicht zufällig eine kleine Armee in den Taschen versteckt?«

Jules legte dem anderen die Hand auf die Schulter. »Sie geht das eigentlich nichts mehr an. Sie haben für uns mehr getan, als wir erwarten durften. Es steht Ihnen frei, zu gehen und auf eigene Faust eventuelle Chancen wahrzunehmen.«

Bavol schüttelte den Kopf. »Dafür ist es jetzt zu spät. Ich werde jetzt ebenso gejagt, weil man glaubt, daß ich zu euch gehöre. Unser Schicksal ist nun auf Gedeih und Verderb verknüpft«, sagte er mit einem besonderen Blick auf Yvette. Mit gequältem Lächeln fügte er hinzu: »Bis der Tod uns scheidet, wie es jetzt aussieht.«

»Also dann – herzlich willkommen in unserem Team«, sagte Jules und kam gleich zur Sache. »Wahrscheinlich hält man Hel . . . unsere Freundin am sichersten Ort fest, also vermutlich in der Zentrale. Man weiß, daß wir sie suchen und wird daher die Verteidigungseinrichtungen nach allen Regeln der Kunst spielen lassen.«

»Und ihr wißt, wo diese Zentrale liegt?« fragte Bavol.

»Wir glauben zumindest es zu wissen«, sagte Yvette. »Man gab uns als Adresse 666 Crowley Drive an. Dort sollten wir zuerst nachsehen.«

«Ich bin einverstanden«, sagt Jules. »Und zwar bald. Wenn wir uns hier fangen lassen, sinken unsere Chancen auf Null. Unsere einzige Hoffnung ist unsere Beweglichkeit, also bewegen wir uns.«

11. Kapitel

Spiel mit dem Feuer

Garst war buchstäblich wie gebannt von der Goldmine an Informationen, die er der unglücklichen Helena entreißen konnte. Je tiefer er bohrte, desto mehr erfuhr er von den innersten Geheimnissen des Service of the Empire. Und sein Respekt vor der SOTE wuchs ins Unermeßliche – und stachelte seine Begierde an, endlich mit eigenen Plänen anzufangen.

Man stelle sich bloß vor – den Zirkus der Galaxis zu benutzen, um die besten Agenten auf jeden gewünschten Planeten zu schaffen, dachte er. Die Familie d'Alembert muß unglaublich begabt sein, besonders diese beiden, Jules und Yvette. Kein Wunder, daß sie sich so fabelhaft durchschlagen konnten. Aber unbesiegbar sind sie auch nicht. Hätte ich nicht so dämlich reagiert, so hätte ich sie heute abend erledigen können.

Doch das spielte keine Rolle mehr. Solange er diese von Wilmenhorst in seiner Gewalt hatte, würden sie den Weg zu ihm finden. Den Zeitpunkt würden sie wählen, aber er hatte den Vorteil der Platzwahl für diesen speziellen Kampf – und der würde hier stattfinden, im Nervenzentrum, in dem er von Posten und narrensicheren Verteidigungsanlagen umgeben war. Mochten sie ruhig kommen, er war darauf vorbereitet.

Nach zwei Stunden sehr ergiebiger Befragung hing Helena nur mehr schlaff im Stuhl. Sie befand sich in einem Koma, das mindestens zwanzig Stunden dauern würde. Es war das letzte Stadium der Wirkungsfolge von Nitrobarb. Nach Ablauf dieser Zeitspanne würde sie entweder aus ihrem Koma erwachen oder in einen sanften Tod hinübergleiten. Garst hoffte, sie würde es überleben – sie konnte ihm vielleicht noch von Nutzen sein. Falls sie aber stürbe, würde er keine Träne vergießen.

Er stand auf und streckte die Beine, die vom langen Sitzen steif geworden waren. Es gab ein paar wichtige Punkte, die er genau überdenken mußte. Lady A hatte zwar behauptet, ihre Organisation wüßte praktisch über alle Schritte der SOTE Bescheid, doch bezweifelte er sehr, ob sie über die Rolle der d'Alemberts und des Zirkus informiert war. Helena hatte ausgesagt, diese Information wäre so geheim, daß man sie nie schriftlich niedergelegt oder einem Computer eingegeben hätte. Alles wurde mündlich erledigt, und nur einige Spitzenleute der SOTE – plus der kaiserlichen Familie – waren eingeweiht.

Dies bedeutete, daß er einen wichtigen Schlüssel in der Hand hatte, von dessen Existenz die anderen nichts ahnten. Wissen ist Macht, das wußte er. Von Rechts wegen hätte er unverzüglich einen Anruf zur Erde tätigen und Lady A von seinen neuen Erkenntnissen berichten müssen. Ihre eigentliche Com-Nummer hatte er nicht. Wie immer würde er die Nachricht einer unpersönlichen Maschine übergeben müssen, und Lady A würde ihn zurückrufen, wann es ihr paßte. Falls man ihn faßte, konnte er sie nicht verraten, hatte sie gesagt. Aber er hegte den Verdacht, daß sie den sozialen Abstand unbedingt gewahrt wissen wollte. Die Theorie besagte, daß Vertrautheit Verachtung in sich berge.

Doch während der Gedanke an Lady A durch sein Bewußtsein zuckte, wußte er bereits, daß er ihr von seiner Entdeckung nicht Mitteilung machen würde. Wenn sie ihm Geheimnisse vorenthielt, war es sein gutes Recht, ihr auch nicht alles zu berichten. Sicher gab es einen Weg, aus seinem neuen Wissen Kapital zu schlagen. Er brauchte nur ein wenig Zeit, um sich etwas Geeignetes einfallen zu lassen.

Doch das waren Gedanken, die in die Zukunft gehörten. Er mußte seine Überlegungen nun mit aller Kraft dem Hier und Jetzt widmen. Jules und Yvette d'Alembert liefen irgendwo auf dem Asylplaneten frei herum, und das in Gesellschaft eines geheimnisvollen Komplizen, den nicht einmal Helena kannte. Drei Menschen, von denen zwei Spitzenagenten der SOTE waren, und einer, ein völlig Unbekannter. Auch wenn dessen Fähigkeiten an die der d'Alemberts irgendwie heranreichten – besser konnte er nicht sein, soviel stand fest – blieben die drei hoffnungslos in der Minderheit. Auch nach dem Debakel am Raumflughafen war die Sicherheitstruppe Garsts noch immer über hundert Mann stark. Mehr als ausreichend also, um mit kümmerlichen drei Gegnern fertigzuwerden.

Er ließ die Sprechanlage summen und sich mit Rawling verbinden. Als ihr Gesicht auf der Bildfläche erschien, fragte er: »Wie steht es mit der Verteilung der Streitkräfte?«

»Auf dem Raumflughafen wechseln sie sich in zwei Schichten ab, ebenso hier in der Zentrale. Alle übrigen machen draußen bei der Fahndung mit.«

»Pfeifen Sie die Fahndungskommandos zurück. Unsere Freunde werden sich zu uns bemühen müssen, wenn sie das Mädchen haben wollen. Wir sollten unsere Kräfte eher konzentrieren als zerstreuen.«

»Sehr gut.« Rawling kritzelte den Befehl auf ein Blatt Papier. »Sonst noch etwas?«

»Ja, ziehen Sie alle Außenwachen von diesem Gebäude ab.«

»Wie bitte?« Der Tonfall der Sicherheitschefin gab Aufschluß über ihre Verwunderung.

»Wir möchten sie ja nicht entmutigen. Wir möchten, daß sie hereinkommen. Eine gute Falle muß einer Spinnwebe gleichen – man muß leicht hineinkönnen, aber sehr, sehr schwer wieder heraus.«

»Geht in Ordnung. Ich werde unverzüglich dafür sorgen.«

Die d'Alemberts und ihr neuer Verbündeter schlichen sich vorsichtig durch Seitenstraßen zu der Adresse, die Helena ihnen angegeben hatte. Sie lag in der Nähe des Flughafens, in der Richtung, aus der sie eben gekommen waren. Auf ihrem Weg trafen sie auf keinerlei Widerstand, eine Tatsache, die Jules nervös machte.

Das angegebene Gebäude war ein niedriger, flacher Bau, von mehreren anderen gleicher Bauart flankiert. Seine Vorderfront war fast vierzig Meter lang, nach hinten schien es Hunderte von Metern von der Straße weg zu reichen. Umgeben wurde der Komplex von einem Drahtzaun, der nur anderthalb Meter hoch war und im Abstand von knapp sechs Metern von der Gebäudemauer angebracht war. Die Fassade war völlig kahl bis auf die Nummer 666, die sich gleich neben einer Tür befand. Es gab nur diesen einen Eingang, der überdies so schmal war, daß man nur einzeln das Haus betreten konnte. Und nirgendwo ein Fenster.

»Das Eindringen könnte zu einem kleinen Problem ausarten«, sagte Jules. »Wir können doch nicht einfach im Gänsemarsch hinein. Man würde uns umpusten.«

»Vielleicht gibt es auf dem Dach einen Hubschrauberlandeplatz und einen Eingang«, meinte Bavol.

»Das mag ja sein, aber das Gelände ist so gut beleuchtet, daß man uns dort oben sichten würde«, sagte Jules.

»Es muß noch etwas geben«, meldete sich Yvette. »Vielleicht einen Notausgang? Man muß doch irgendwie eine größere Anzahl von Menschen hinein- und herausschaffen, ansonsten wäre die gesamte Anlage eine Fehlplanung.«

»Nun, ich sehe aber nichts, was auch nur entfernt so aussieht«, klagte Bavol.

Schweigend tasteten sie das Gebäude mit den Augen ab und bemühten sich in der Dunkelheit, Einzelheiten auszumachen. Schließlich war es wieder Yvette, die sich mit einer Bemerkung meldete: »Wenn wir schon vom Sehen reden – wir sind jetzt mehrere Tage hier, aber ich kann mich nicht erinnern, in dieser Zeit einen Wagen gesehen zu haben, wie den, in dem du uns zu Hilfe kamst. Man sieht überall bloß diese verdammten Karren, die nur im Schneckentempo dahinkriechen. Wo hast du den Wagen entdeckt?«

»Eine Gruppe Bewaffneter kam. Sie stiegen aus und ließen den Wagen stehen – eine klare Aufforderung zum Türmen«, erklärte Bavol. »Woher sie kamen, weiß ich nicht. Außerdem wollte ich einem geschenkten Gaul nicht ins Maul schauen – einem Gaul, den ich so dringend brauchte.«

»Die Straßen sind für diese Wagentypen gar nicht geeignet«, sagte Jules. »Völlig zwecklos, schnelle Autos auf denselben Straßen wie die Karren zu fahren. Die Wägelchen geben das Tempo an und beschränken es auf ein bloßes Kriechen. Wieder so eine Fehlplanung.«

»Also«, fuhr Yvette in der Schlußfolgerung fort, »muß es besondere Verkehrswege geben, auf denen sich die schwarzen Wagen ungehindert schnell fortbewegen können.«

»Von diesen Fahrbahnen habe ich nirgend eine Spur entdecken können«, meinte der Newforester.

»Genau«, rief Yvette begeistert aus. »Das bedeutet, daß diese Straßen unsichtbar angelegt wurden.«

»Unterirdisch?« fragte Jules.

Yvette nickte. »Ja, das wäre immerhin möglich.«

»Kann ich mir gut vorstellen – eine Vielzahl untereinander verbundener Straßen unter der Stadt, ähnlich Radspeichen, mit der Zentrale als Mittelpunkt.«

»Mit Querstraßen, die diese Radien in gewissen Abständen kreuzen. Sodann muß es Knotenpunkte oder spezielle Ausgänge an die Oberfläche geben, die versteckt angebracht sind. Mit diesem System kann man ganze Abteilungen von der Zentrale an jeden beliebigen Punkt der Stadt in Minutenschnelle kommandieren. Die Truppen tauchen sozusagen aus dem Nichts auf.«

»Ja, kann man denn das alles unterirdisch anlegen?« fragte Bavol.

»Sie waren wohl noch nie auf Vesa, sonst würden Sie diese Frage nicht stellen. Der gesamte Mond ist unterirdisch mit Tunnels und Kavernen unterminiert. Diese Technik wird seit Jahrhunderten angewandt. Wo haben Sie denn inzwischen gesteckt?«

»Auf Newforest«, sagte Bavol verlegen. »Wir sind angeblich richtige Hinterwäldler.«

Jules wurde ungeduldig. »Der beste Angriffsplan bestünde darin, diese Tür zu ignorieren. An dieser Stelle einzutreten wäre der Tod. Wenn es aber tatsächlich ein unterirdisches Wegesystem gibt, können sie unmöglich sämtliche Routen scharf bewachen. Wir werden uns unterirdisch einschleichen.«

»Sobald wir einen Eingang zu diesem System gefunden haben«, hielt Yvette dagegen.

»Aber auch wenn wir hineinkommen, bleibt immer noch die dichte Postenkette um Ihre Freundin«, sagte Bavol. »Dieses Hindernis werden wir nicht durchdringen können.«

»Beide Probleme können wir gleichzeitig lösen«, sagte Jules zuversichtlich. »Ich habe da einen Plan.«

*

Eine halbe Stunde verging. Plötzlich schrillten die Alarmklingeln im Sicherheitsbüro und in der gesamten Zentrale. Jinda Rawlings tippte auf verschiedene Knöpfe an ihrer Schreibtischkonsole, um die Ursache zu ergründen. Fast gleichzeitig verlangte Garst sie über die Sprechanlage. Sie war diesen zwei Anforderungen durchaus gewachsen; noch während sie fortfuhr, nach der Information zu suchen, antwortete sie ihrem Chef: »Ja, was gibt es?«

»Was zum Henker geht da vor?«

»Eine Sekunde, bitte.« Die Information kam durch, noch während sie redete. »Hm, was ist da los – Brände in drei Wohnhäusern, jedes in einem anderen Stadtteil gelegen.«

»Ach, drei? Paßt wunderbar. Sieht aus, als versuchten sich unsere Freunde nicht nur als Unruhe-, sondern auch als Brandstifter.«

»Ja. Ich schicke sofort drei Feuerwehreinheiten raus.«

»Nein.«

»Aber . . .«

»Wir können jetzt niemanden rausschicken. Genau das bezwecken die ja. Sie wollen unsere Kräfte hier schwächen, damit sie angreifen können. Wir müssen stark bleiben, wenn wir siegen wollen.«

»Aber die Mieter . . .«

» . . . müssen jetzt eben sehen wie sie allein zurechtkommen. Das hier ist wichtiger.«

Rawling schaltete sich nach einem verbitterten »Jawohl« aus. Sie wußte nicht, was sie davon halten sollte. Ihr war nur eines klar, nämlich, daß ihr Chef im Hinblick auf die drei Agenten an Wahnvorstellungen litt.

Nach weiteren fünfzehn Minuten wurden drei weitere Brände gemeldet. Dann wieder drei Brände. Rawling ließ sich mit Garst verbinden. »Wir müssen dringend etwas unternehmen.«

»Nein. Wir können die Zentrale nicht schwächen.«

Jetzt war sie mit ihrer Geduld am Ende. »Entschuldigen Sie«, äußerte sie in eiskalter Wut. »Aber was nützt es uns, wenn wir die Zentrale verteidigen, während die ganze Stadt in Schutt und Asche sinkt?«

»Wir müssen diese Agenten an uns herankommen lassen und sie total unschädlich machen. Das ist lebenswichtig.«

»Bitte, sagen Sie mir doch, was daran so wichtig ist. Ich möchte es unbedingt wissen.«

Garst wagte es nicht, der Frau anzuvertrauen, daß es sich bei den beiden um Spitzenleute der SOTE handelte. Sie würde es bei der ersten sich bietenden Gelegenheit Lady A berichten, und sein Monopol an diesem Wissen wäre dann dahin. »Der Tod dieser drei ist auf lange Sicht wichtiger als ein Dutzend Städte.«

»Aber warum nur?«

Jetzt war die Reihe an Garst, die Geduld zu verlieren. »Weil ich Ihnen den Befehl gab. Und wenn Sie nicht gehorchen, finde ich jemanden anderen, der den Befehl ausführt.« Und damit unterbrach er die Verbindung.

Die Sicherheitschefin saß da und starrte die Bildfläche eine ganze Weile lang an. Sie versuchte, aus den Befehlen des Chefs einen Sinn herauszufiltern. Schließlich kam sie zu dem Schluß, daß sie sinnlos wären. Der Chef spielte verrückt, wenn die Rede auf diese SOTE-Agenten kam. Er war dann nicht mehr fähig, einen objektiven Entschluß zu fassen. Drei Menschen konnten nicht so wichtig sein, daß die Vernichtung einer ganzen Stadt riskiert wurde, nur um den Tod dieser drei Personen sicherzustellen.

Ich bin Sicherheitschefin des gesamten Planeten, dachte sie. Es wäre eine grobe Pflichtverletzung, wenn ich die Stadt bis auf die Grundmauern abbrennen ließe, nur weil ein Irrer es verlangt. Sie hatte heute schon einmal einen direkten Befehl nicht ausgeführt, und den Tag damit gerettet. Es sah aus, als ob sie abermals so handeln müßte.

Sie langte nach dem Mikrophon und gab Befehle an ihre Truppen aus. Zwei Abteilungen sollten weiter Dienst in der Zentrale machen und die Eindringlinge töten, sobald sie diese erspähten. Eine Abteilung sollte weiterhin Dienst auf dem Flughafen tun. Alle anderen sollten als Feuerwehr ausgerüstet den Kampf mit den Flammen aufnehmen, die nun über die ganze Stadt verteilt loderten.

Dann hatte sie eine Idee. Sie wollte selbst hinaus zu den kämpfenden Truppen, damit Garst sie nicht mehr hier, hinter ihrem Schreibtisch, erreichen konnte. Ihrer Ansicht nach hatte sich der Mann — bis zum gegenwärtigen Zeitpunkt durchaus tüchtig — unvermutet in einen Rasenden verwandelt, der Vernunftgründen nicht mehr zugänglich war. Sie nahm sich vor, Lady A bei der ersten sich bietenden Gelegenheit Bericht zu erstatten.

Zwei Abteilungen reichen zur Verteidigung dieses Komplexes gegen drei Personen völlig aus, dachte sie, während sie den Strahler umschnallte und hastig aus dem Büro lief.

Tollhaus war eine milde Umschreibung dessen, was sich jetzt draußen abspielte.

Die von den d'Alemberts und Pias Bavol gelegten Brände loderten in Wohnvierteln. Dazu kam als erschwerender Umstand, daß sich die Mehrheit der Bewohner um diese Zeit zu Hause aufhielt. Die Häuser waren zwar mit automatischen Löscheinrichtungen ausgestattet, die es mit kleineren Bränden aufnehmen konnten, gegen den Feuerzauber der d'Alemberts aber nichts ausrichteten. Sie waren versierte Brandstifter und hatten ihre Tricks ihrem Mitstreiter in aller Eile beibringen können. Bald standen ganze Häuserkomplexe in Flammen, und die Bewohner mußten um ihr Leben laufen.

Die Feuerwehr ließ sich nicht blicken, obwohl immer weitere Brandherde entdeckt wurden. »Wenn die nicht bald aufkreuzen«, erklärte Jules, »bleibt ihnen zum Löschen nichts mehr übrig.«

Benachbarte Häuser fingen Feuer, die Brände griffen immer mehr um sich, und nach einer Stunde sah es aus, als stünde die ganze Stadt in Flammen. Die ›Bürger‹ der Asylstadt standen ratlos auf der Straße. Dieser Situation waren sie nicht gewachsen, und die Hilfe von seiten der für das allgemeine Wohl Verantwortlichen ließ auf sich warten.

Verwirrung steigerte sich rasch zu Wut und Ablehnung. Sie hatten enorme Summen zahlen müssen, um hierherzugelangen, und jetzt setzte man sie ohne erkennbaren Grund großer Gefahr aus. Die unterschwellige Spannung, die auf dem Planeten ständig herrschte, brach sich sehr rasch Bahn.

Jules und Yvette halfen mit, die Verwirrung zu steigern, indem sie sich durch den Mob drängelten und riefen:»Warum steht uns niemand bei? Wir mußten gutes Geld herausrücken und jetzt sind wir den Flammen ungeschützt ausgesetzt.«

Die Taktik wirkte besser, als sie zunächst angenommen hatten. Die Geschwister berieten sich und gelangten zu der Ansicht, daß sie sich diese Stimmung als Ablenkungsmanöver voll zunutze machen sollte. Sie suchten Pias Bavol und entdeckten ihn schließlich. Eilig erläuterten sie ihren Plan.

»Die Truppen sollen etwas bekommen, woran sie sich die Zähne ausbeißen sollen«, sagte Yvette, die sich nur schreiend verständlich machen konnte, so laut ging es auf den Straßen zu. »Du bist ein guter Redner, und die Gegner konnten dich als unseren Mitstreiter nicht so richtig unter die Lupe nehmen. Du stiftest nun Aufruhr unter den Leuten und führst sie in einem Angriff gegen die Zentrale. Dich wird man nicht sofort erschießen, wie uns. Während wir auf unterirdischer Ebene arbeiten, sorgst du oben für Ablenkung.«

»Verwirrung schafft Ablenkung«, sagte Pias lächelnd.

Yvette faßte nach seinem Arm. »Sieh zu, daß du nicht ausgerechnet selbst in die Frontlinie gerätst«, riet sie ihm. »Es sieht so aus, als hätten wir jetzt einige Überlebenschancen. Da möchte ich wirklich nicht, daß dir etwas passiert.«

»Keine Angst, Unkraut verdirbt nicht«, sagte er. Er küßte sie auf die Stirn und rannte auch schon los, der neuen Aufgabe entgegen.

Jules sah ihm nach. »Von der Sorte brauchen wir mehr«, sagte er nur für sich. Aber Yvette hatte es gehört und mußte innerlich lächeln.

Wenige Minuten später trafen die Truppen ein. Sie waren nicht wenig erstaunt, daß sie nicht nur Brände bekämpfen mußten, sondern es außerdem mit aufgebrachten Bürgern zu tun hatten. Während sie ihre Geräte zur Brandbekämpfung in Stellung brachten, wurden sie mit Steinen, Mauerbrocken und anderen losen Gegenstände, welche die Empörten sich aneignen konnten, attackiert. Pias machte seine Sache sehr gut, schürte das Feuer der Erbitterung und stachelte die Menge bis zum Siedepunkt auf. Als er schließlich einen Angriff auf die Zentrale aufs Tapet brachte, wurde diese Forderung zu einem Schlachtruf gesteigert, der durch die Straßen hallte.

Mittlerweile widmeten Yvette und Jules ihre gespannteste Aufmerksamkeit den Truppen. Die Brandbekämpfungsgeräte waren groß und unhandlich und mußten umständlich in Stellung gebracht werden. Die d'Alemberts konnten unschwer feststellen, woher die Geräte kamen. Sie wurden aus großen Gebäuden heraus gefahren, die von vorne wie Verwaltungsbauten aussahen, in Wirklichkeit aber irreführende Fassaden waren. Die ganze Rückseite konnte geöffnet werden, so daß Fahrzeuge, Menschen oder Löschwagen passieren konnten.

Die zwei Superagenten warteten in der Nähe eine dieser Eingänge ab, bis Mannschaften und Geräte zur Brandstelle gebracht worden waren. Bevor das große Tor automatisch zuglitt, huschten sie ungesehen hinein und befanden sich plötzlich am oberen Ende einer breiten Rampe. Diese führte fünfzehn Meter leicht geneigt hinunter und lief unten in einem breiten hellerleuchteten Korridor aus.

Am Fuße dieser Rampe parkten drei lange schwarze Wagen, von zwei Posten bewacht. Sonnenklar, daß die beiden nichts Böses ahnten – sie plauderten unbefangen und sahen nicht ein einziges Mal zur Rampe hin. Die Strahler steckten lässig in den Halftern.

Jules und Yvette schlichen leise die Rampe hinunter. Dabei drückten sie sich eng an die Wand, um möglichst wenig aufzufallen. Als einer der Posten zufällig aufsah und eine Bewegung bemerkte, war es für ihn und auch für seinen Partner zu spät.

Zwei durch die Luft schnellende Gestalten waren über ihnen, noch ehe sie nach der Waffe greifen konnten. Yvettes Opfer bekam einen gewaltigen Kinnhaken, der ihm das Bewußtsein raubte. Bei Jules bedurfte es größerer Überredungskünste. Ein Knie in den Wanst und ein Handkantenschlag gegen die Kehle machten den Mann kampfuntauglich.

Die Agenten kletterten in den nächststehenden Wagen, Jules

auf den Fahrersitz. Der Wagen raste den hochgewölbten Gang entlang zur Zentrale — und der letzten Chance zur Rettung Helenas entgegen.

12. Kapitel

Endrunde auf dem Asylplaneten

Während der Fahrt stießen sie auf keinen Widerstand, aber damit hatten sie gerechnet. Im Augenblick wurden alle freien Hände zur Brandbekämpfung und Niederschlagung des Aufruhrs gebraucht. Die Kerntruppe würde sich gewiß dicht um die Zentrale scharen.

Jules fuhr dahin, bis er etwa hundert Meter vor sich eine größere Kopfstation auftauchen sah. Er hielt an. »Von hier aus gehen wir zu Fuß. Wir sind zwar weniger geschützt, gewinnen aber an Mobilität.«

Yvette gehorchte und stieg aus. Gemeinsam liefen sie den Gang entlang, bis sie an eine Kreuzung gelangte. Hier sahen sie unter einer hohen Wölbung ein breites Holztor mit drei Posten davor, dazu kamen seitlich davon je ein Posten in einer kugelsicheren Zelle. Die Zellen waren mit Außenwaffen bestückt, sodaß die Posten von innen feuern konnten, ohne selbst gefährdet zu sein.

»Von hier aus könnten wir die drei vor dem Tor unschädlich machen«, flüsterte Yvette, »aber die zwei in den Zellen stellen ein Problem dar. An die können wir nicht heran.«

»Müssen wir auch nicht«, erwiderte Jules. »Wir müssen bloß an ihnen vorbei. Rasch, zurück zum Wagen. Ich habe eine Idee.«

Sie liefen zurück zu ihrem Fahrzeug. Noch während des Einsteigens sagte Jules: »Du übernimmst die drei Torpfosten. Nachher anhalten!«

Er legte zunächst im Rückwärtsgang einen halben Kilometer zurück, um eine gewisse Anlaufstrecke zu gewinnen. Dann ließ er den Wagen mit Höchstgeschwindigkeit losschießen, auf den Eingang der Zentrale zu.

Sie brausten mit über hundertfünfzig Stundenkilometern in die Gewölbe und hatten die Posten erledigt, noch ehe diese wußten, wie ihnen geschah. Yvette mußte ihre ganze Geschicklichkeit und Wendigkeit aufbieten, um in so kurzer Zeit auf ihre

Ziele anlegen zu können – doch sie feuerte und traf. Alle drei Außenwachen fielen um, Opfer von Yvettes lähmendem Strahler.

Jules machte keinen Versuch, vom Gas herunterzugehen. Noch immer mit Höchstgeschwindigkeit rammte er die Torflügel des Eingangs. Der Aufprall erschütterte die Wageninsassen bis ins Mark, doch waren sie darauf gefaßt gewesen und hatten sich festgehalten. Die schwere Maschine traf auf die massiven Tore auf und durchstieß sie, als wären sie aus dünnem Sperrholz. Der Wagen kam zum Stehen, und der Motor starb ab, doch er hatte seinen Zweck erfüllt.

Eilig stiegen die zwei Agenten aus und krochen über die eingedrückte Motorhaube nach vorne. Die strahlensicheren Zellen, in denen die zwei Posten standen, waren für einen Angriff von der Rückseite nicht geschaffen. Das wußten die zwei Posten. Sie waren mit Strahlern bewaffnet, bekamen aber keine Gelegenheit, sie anzuwenden, als die zwei d'Alemberts sich trennten und mit unvorstellbarer Geschwindigkeit auf sie losgingen. Anstatt die Posten mit den Strahlern zu töten, entschlossen sich Jules und Yvette, unabhängig voneinander die beiden nur kampfunfähig zu machen. Mit je einem einzigen mächtigen Hieb schlugen sie die Posten bewußtlos.

Das Durchbrechen der Tore hatte Alarmgeschrill im gesamten unterirdischen Komplex ausgelöst. Die Sicherheitstruppen brauchten aber sicher mehrere Sekunden, um festzustellen, aus welchem Sektor Gefahr drohte und um die Verteidigungsanlagen zu mobilisieren. Es waren Sekunden, welche die d'Alemberts zu ihrem Vorteil nützen konnten und es auch taten. Der sich vor ihnen erstreckende Gang war siebzig Meter lang. Diese Entfernung legten sie in fünf Sekunden zurück und trafen in dieser Zeitspanne auf keinerlei Hindernisse. Am Ende des Ganges warteten weitere geschlossene Türen, aber ohne Bewachung davor. Für Jules und Yvette war es klar, daß die Posten sie auf der anderen Seite erwarteten.

Die Türen waren nach außen, also in ihre Richtung hin zu öffnen. Im Vertrauen auf die Schnelligkeit ihres Reaktionsvermögens rissen die zwei Agenten die Türen auf und stürmten weiter. Sie wurden von fünf Posten erwartet. Die Verteidiger standen in schußbereiter Position, doch die zwei Wirbelstürme boten kein einfaches Ziel.

Yvette setzte einen der Posten, eine Frau, mit einem soliden Kinnhaken außer Gefecht. Inzwischen hatte Jules einen Mann gepackt und ihn einem dritten Gegner entgegengeschleudert. Der Zusammenprall bewirkte, daß die beiden keuchend auf dem Boden landeten und für einige Zeit nicht ins Kampfgeschehen eingreifen konnten. Hätte Jules statt eines Strahlers einen Betäuber bei sich gehabt, so hätte er die beiden angeschossen, um sie länger kampfunfähig zu machen. Doch die zwei hilflosen Wachen zu töten — obgleich er wußte, daß sie sich nicht gescheut hätten, ihn ins Jenseits zu befördern — war ihm zuwider. Bis die beiden sich soweit erholt hatten, daß sie ihn wieder bedrohen konnten, war der Kampf sicher schon entschieden. Er ließ sie also so liegen und konzentrierte sich auf den Rest der Gegenseite.

Yvette hatte ihre Faust mit aller Kraft in den Magen eines vierten versenkt und benutzte ihre zweite Faust, um ihn dem Kampfgeschehen endgültig zu entziehen. Sie drehte sich um und wollte eben die fünfte Person anvisieren, da mußte sie entdecken, daß ihr der Lauf eines Strahlers vor die Nase gehalten wurde.

Doch noch ehe die Waffe losging, trat Jules in Aktion. Sein rechter Fuß schnellte blitzschnell vor und trat die Waffe der auf seine Schwester zielenden Frau aus der Hand. Der Schwung bewirkte, daß er vor der Frau auf seinem linken Bein landete. Er machte eine volle Drehung um die eigene Achse und wollte sie eben zu Boden schlagen, als ihm ihr Abzeichen auffiel, das sie als Sicherheitschefin auswies. Im wachen Zustand war sie ihm nützlicher als im bewußtlosen. Er modifizierte seine Bewegung und nahm sie stattdessen mit der rechten Ellenbogenbeuge in den Würgegriff.

Die Frau — der Name Rawling stand vorne auf der Uniform — wußte sich zu verteidigen. Instinktiv wehrte sie Jules mit einem Judoschwung ab, der ihn durch den Raum segeln ließ. Damit hatte sie sich aber jeder Deckung entblößt, und Yvette erledigte sie mit einem dosierten Schlag. Keuchend und würgend landete die Sicherheitschefin auf dem Boden.

Jules meisterte den Sturz perfekt und kam in einer Rolle wieder auf die Beine. Er sah, daß seine Schwester der Bedrohung Herr geworden war. Ihr anzügliches Lächeln gab ihm zu verstehen, daß er geraume Zeit brauchen würde, diese Scharte auszuwetzen. Er hatte sich wie ein Anfänger aufs Kreuz legen lassen, statt die Bewegung wie ein erfahrener Kämpfer gleich zu Beginn abzublocken. Im Moment wurde kein Wort darüber verloren. Die Gefahr war noch nicht gebannt, und es blieb noch viel zu tun.

Er lief zu der Keuchenden, packte sie, riß sie brutal hoch. »Ihr haltet eine Freundin von uns fest. Wir möchten sie befreien.«

»Ich . . . ich weiß nicht, wovon die Rede ist«, stöhnte Rawling.

Yvette packte den Arm der Frau und verdrehte ihn hinter deren Rücken. »Mir ist aufgefallen, daß die Wiederherstellung der Erinnerung direkt proportional zum zugefügten Schmerz ist. Ich kann weitermachen, wenn Sie nicht reden wollen.«

»Sie ist. . . im Hauptbüro.«

»Schon besser. Und jetzt werden Sie so gut sein, und uns hinführen — und uns natürlich auf alle unterwegs angebrachten Fallen aufmerksam machen.« Yvette nickte ihrem Bruder zu, und dieser ließ den Kopf der Frau los.

Rawling fiel fast hin. Sie faßte sich jedoch und konnte einen kläglichen Rest Würde retten. Ihre Kehle schmerzte noch, sie spürte ein dauerndes Würgen, doch sie warf ihren zwei Widersachern, die sie mit zwei Strahlern in Schach hielten, trotzige Blicke zu. »Sie haben nicht die leiseste Chance«, sagte sie.

»Dann befinden wir uns in bester Gesellschaft. Wenn Sie Ihren Arm weiterbenutzen wollen, setzen Sie sich in Bewegung. Los!« Yvettes Ton ließ keinen Gedanken an Widerrede aufkommen.

Rawling mußte gehorchen, ihr blieb nichts übrig. Sie war klug genug, um sich klarzumachen, daß alles dem sicheren Tod aus den Händen dieser beiden vorzuziehen war. Auch wenn die gesamte Organisation aufflog und sie vor dem Richter landete, waren ihre eigenen Verbrechen nicht so schwerwiegend, daß die Strafe allzu schwer ausfallen würde. Es war also besser, die kleinste Chance wahrzunehmen und auf ein späteres Entkommen zu hoffen. »Na gut«, äußerte sie. »Hier entlang.«

Aus einem anderen Eingang stürzten drei Posten mit schußbereiten Waffen. Beim Anblick der d'Alemberts, die sie befehlsgemäß zu töten hatten, wollten sie feuern. Doch dann sahen sie die Sicherheitschefin vor den Opfern stehen und waren ihrer Sache nicht mehr so sicher. Jules nützte ihr Zögern aus und sagte ganz leise zu Rawling:»Uns liegt das Töten nicht. Es braucht kein Blutbad zu geben. Sie haben die Wahl.«

Da hörten sie lauten Lärm von oben, intensives Dröhnen und Füßescharren. »Klingt wie Verstärkung«, bemerkte Yvette und fügte zu Rawling gewandt hinzu. »Wir haben ein Paar Leute herbeordert. Ihre Posten sollten lieber dafür sorgen, daß die Aufrührer nicht über die Stränge schlagen.«

Die Sicherheitschefin verspürte kein Verlangen, in einem Kreuzfeuer ihr Leben zu lassen. »Sorgt oben für Ruhe«, fuhr sie ihre Leute an. »Das ist ein Befehl.« Die Bewaffneten zögerten sichtlich und wollten ihre Befehlshaberin in dieser mißlichen Lage nicht im Stich lassen, aber andererseits konnten sie ihr auch nicht helfen. Außerdem wurde ihre Hilfe oben gebraucht, um die Horden von Aufrührern niederzuhalten, die durch die Gänge ausschwärmten. Schweigend machten sie kehrt und trollten sich. Die d'Alemberts stießen Seufzer der Erleichterung aus, weil sich ihre Gefangene wie eine sehr vernünftige Frau verhalten hatte.

»Ich glaube, Sie wollten uns irgendwohin führen«, sagte Yvette. Die Uniformierte führte sie ein Stück weiter bis vor eine bestimmte Tür. Sie öffnete und ging durch. Die anderen ihr nach. Rawling nützte diese Gelegenheit zu einem Fluchtversuch, doch ein Strahl aus Yvettes Waffe, der knappe Zentimeter vor ihren Füßen einschlug, brachte sie unvermittelt zum Stillstehen. »Nicht so hastig«, sagte Yvette. »Wir möchten mithalten können.« Rawling wartete, bis die beiden sie eingeholt hatten, und ging dann weiter.

Sie führte sie durch einen wahren Irrgarten von Gängen. Den d'Alemberts wurde langsam klar, was für ein Glücksfall es war, daß sie diese Gefangene gemacht hatten. Ohne Hilfe hätten sie vielleicht ewig in diesem Labyrinth unherirren müssen.

Mehrere Male trafen sie auf Postenabteilungen, aber jedes Mal konnte die Sicherheitschefin die Leute nach oben dirigieren mit dem Befehl, den Aufruhr niederzuschlagen. Den Geräuschen nach zu schließen, die man von oben hörte, gingen die Verteidiger mit geringem Erfolg vor. Pias Bavol machte seine Sache bewundernswert gut.

Vor einer bestimmten Tür zögerte Rawling: »Los«, forderte Jules sie auf. »Sie gehen als erste.«

»Kann ich nicht«, erwiderte die Frau. »Das ist eine Falle.«

»Welcher Art?«

»Die Klinke ist elektrisch geladen — und selbst wenn es einem gelänge, die Tür zu öffnen, so zielt ein Strahler direkt auf die Tür und tötet jeden Eindringling.«

»Kann man den Strom nicht abschalten?« fragte Yvette.

»Man kann, aber nicht ich habe den Schlüssel, sondern Garst.«

Garst? Es war das erste Mal, daß die SOTE-Leute den Namen im Zusammenhang mit diesem Fall hörten. Jules sah seine Schwester an. Ihre Erschütterung entging ihm nicht. Gleichzeitig schien sie aufs höchste überrascht, doch ihre Miene nahm immer mehr jenen Ausdruck an, den er nur einmal an ihr gesehen hatte — damals, als sie vor der Tür zur Aufbereitungsanlage stand und auf die brodelnden Chemikalien hinunterstarrte. Es war eine Mischung aus Entsetzen, Haß, Wut und . . . ja was? Jules hatte so seine Zweifel, ob Yvette selbst mit Sicherheit wußte, was sie fühlte.

Dieser Garst hatte das Debakel irgendwie überlebt und war heimlich hierhergelangt, nur um hier dieses neue verbrecherische Großunternehmen auf die Beine zu stellen. Jules mußte diese Spekulationen jetzt als sinnlos beiseiteschieben. Jetzt war nur Zeit zum Handeln. Insbesondere mußte er seine Schwester schleunigst aus dem Sumpf der Empfindungen herausziehen. Später, wenn diese ganze Affäre vorüber war, konnten sie der

Frage nachgehen, wie Garst entkommen und hierhergekommen war. Im Moment zählte als einziges die Tatsache, daß er existierte und hier war.

»Gibt es keinen anderen Weg als durch diese Tür?« fragte Jules.

Rawling schüttelte den Kopf. »Nicht auf dieser Ebene. Man müßte hinauf an die Oberfläche und von der anderen Seite wieder hereinkommen.«

»Und inzwischen«, überlegte Jules, »kann alles Mögliche passieren. Gut, alles zurücktreten — wollen mal sehen, wie wirksam diese Falle ist.«

Alle drei traten zurück. Die beiden Agenten richteten ihre Strahler auf die Scharniere der Holztür. Die Metallstücke schmolzen unter der sengenden Hitze und nach einer Minute fiel die Tür durch ihr Eigengewicht zu Boden. Dadurch wurde der elektrische Kontakt unterbrochen, aber plötzlich flammte in Hüfthöhe ein anhaltender Strahl durch die Öffnung. Ein im Eingang Stehender wäre glatt in zwei Hälften geteilt worden.

»Sieht jetzt passierbar aus«, bemerkte Jules nach kurzer Untersuchung der Anlage. »Rawling, nach Ihnen.«

»Aber ich kann hier nicht durch. Ich werde getötet.«

»Von Gehen kann nicht die Rede sein«, meinte Yvette. »Sie müßten eigentlich imstande sein, auf dem Bauch unter dem Strahl durchzukriechen. Falls der Boden nicht auch elektrisch geladen ist. . .«

»Nein. . . nicht daß ich wüßte.«

»Nun, es wird sich herausstellen. Los jetzt!«

Von den Waffen der d'Alemberts bedroht, legte Rawling sich auf den Bauch und kroch hinein. Sie kroch über die umgefallene Tür und legte dann sehr zögernd die Hand auf den Boden. Nichts geschah, deshalb kroch sie mit viel mehr Selbstvertrauen auf die Tür auf der gegenüberliegenden Seite zu. Jules und Yvette folgten ihr.

Rawling stieß die Tür auf. Hier war die Klinke offenbar nicht geladen. Im offenen Gang angelangt richtete sie sich auf und sah sich um. Jules und Yvette lagen noch auf dem Bauch, und das bot ihr eine ideale Fluchtchance. Ohne das leiseste Zögern wandte sie sich nach rechts und rannte los. Jules feuerte ihr nach, doch sie war längst davon.

»Verdammt.« Das Frauenzimmer war zu weit entfernt. »Da läuft nun unsere Führerin und unser Passierschein.«

»Lauf ihr nach«, sagte Yvette und richtete sich auf. »Sie könnte ihre Leute zusammentrommeln und sie uns alle auf den Hals hetzen.«

»Und was ist mit dir?«

Sie machte ein entschlossenes Gesicht — »Ich bin hinter Garst her. Es geht um die Begleichung einer alten Schuld.«

Jules nickte. Er wußte, daß keine Macht der Welt sie davon abhalten würde, die Verfolgung wieder aufzunehmen jetzt da sie die Fährte erneut aufgenommen hatte. »Ist gut — aber gib acht vor verschlossenen Türen.« Dann wandte er sich nach rechts und jagte der Sicherheitschefin nach.

Yvette blieb einen Augenblick stehen. Ihr Verstand raste in kalt berechnende Bahnen dahin. Diese Rawling hat sicher die von Garsts Büro wegführende Richtung eingeschlagen, weil sie uns ablenken möchte. Seine Räume müssen links sein. Und sie schlug die entgegengesetzte Richtung ein.

Der Gang bog rechts ab, und Yvette stand nun in einem Korridor, der zehn Meter weiter in einer Sackgasse endete. Zur Rechten waren fünf Türen. Eine davon mußte die richtige sein, doch hatte sie keine Ahnung welche. Sie mußte es bei allen versuchen.

Die erste stellte keine Falle dar. Ein kurzer Blick hinein zeigte eine Befehlszentrale. Der Raum war leer. Rawling hatte ihren Posten also verlassen, um aus irgendeinem Grund in der Frontlinie mitzumachen. Vielleicht fehlte es an Leuten. Eine flüchtige Musterung zeigte, daß der Raum nichts Interessantes enthielt. Sie lief weiter.

Die zweite Tür erwies sich als Falle desselben Typs wie vorhin. Als Yvette die Tür aus den Angeln pustete, schoß ein Strahl hervor, der jeden vor der Tür Stehenden glatt zerschnitten hätte. Sie kroch unter dem Strahl hindurch und sah sich in dem Raum um. Leer.

Die dritte Tür erwies keine Hindernisse auf und führte in eine behaglich ausgestattete Privatwohnung. Gewiß ist es Garsts Wohnung, dachte die Agentin, während sie leise durch die Räume schlich. Nirgends eine Spur von Garst. Sie lief hinaus, um es weiter zu versuchen.

Als die nächste Tür unter ihrem Strahler zusammenkrachte, sah sie am anderen Ende des Raumes die in einem Stuhl zusammengesunkene Helena. Sie lief mit gezogener Waffe hinein, bereit, jeden umzulegen, der sich auch nur rührte.

Das Überschreiten der Schwelle setzte ein elektronisches Auge in Funktion, wodurch sich ein schwerer Metallblock über ihr löste. Jeder normale Mensch wäre von dem Gewicht erdrückt worden — doch Yvette d'Alembert gehörte nicht zu den normalen Menschen. Die Schwerkraft war hier annähernd wie auf der Erde. Das bedeutete, daß das Ding mit der Beschleunigung von einem GEE herunterfiel. Yvette kam von einer Welt, auf der Gegenstände dreimal so schnell fielen, und konnte entsprechend reagieren. Sie merkte, daß das Ding sich löste und sprang beiseite. Das massive Gewicht streifte ihre Schulter, renkte sie aus und jagte rasenden Schmerz durch ihre linke Seite — doch Yvette war weit davon entfernt, tot zusein.

Sie fiel um, rollte sich ab, kam auf die Knie und sah sich um. In einer Ecke kauerte Garst, den Strahler in der Hand. Er zielte auf die Stelle, wo sie hingefallen war, aber da war sie längst nicht mehr.

Hastig versuchte er sich auf sie einzustellen, doch seine Reflexe ließen zu wünschen übrig. Yvettes Strahler blitzte auf und fand sein beabsichtigtes Ziel — Garsts Gesicht. Der Erzverbrecher stieß einen gräßlichen Todesschrei aus, als ihn der Strahl traf.

Garst war sofort tot. »Für Dak«, murmelte Yvette leise. »Und für eine Viertelmillion anderer, aber hauptsächlich für Dak! Du elender Verbrecher. Wie ich dich hasse!«

Schließlich hatte sich ihre Wut verbraucht. Yvette nahm den Finger vom Abzug und senkte die Waffe. Sie zitterte am ganzen Leibe und brauchte einige Sekunden, bis sie wieder klar sehen konnte. Erst dann fiel ihr der eigentliche Zweck ihres Hierseins wieder ein, und sie drehte sich nach Helena um.

Die Tochter des Chefs war bewußtlos. Ihre Augen waren blutunterlaufen, der Puls kam unregelmäßig. Yvette streifte Helenas Ärmel hoch und sah, daß die Venen an der Innenseite des Armes grotesk hervorquollen. Dank ihrer Spezialausbildung erkannte sie diese Symptome auf den ersten Blick — es waren die Nachwirkungen von Nitrobarb.

Während sie sich in diesem Zustand befand, war es gefährlich, Helena überhaupt zu transportieren. Voll Ingrimm zog Yvette einen Stuhl heran. Sie setzte sich neben Helena und wartete auf Jules' Ankunft.

13. Kapitel

Explosive Folgen

Als Jinda Rawling zum Lauf durch den Korridor startete, wußte sie, daß sie um ihr Leben rannte. Die DesPlainianer waren für ihre Schnelligkeit berühmt.

Ihr größter Vorteil lag darin, daß sie die Anlage des Komplexes kannte und die anderen nicht. Im Moment war sie unbewaffnet, auch lagen in dieser Richtung keine mit Abwehrfallen ausgestatteten Räume, aber vielleicht gelang es ihr, jemanden von ihren Leuten aufzutreiben, der nicht oben mit dem aufgebrachten Mob kämpfte. Wenn nicht, dann mußte sie ins Waffendepot und sich dort eine Waffe holen. Sie wußte, daß ihr Judo-Schwung, mit dem sie den einen Agenten abgewehrt hatte, ein Glücksfall gewesen war. Sie verspürte kein Verlangen, ihre Fähigkeiten im Handgemenge mit einem geübten Professional noch einmal zu erproben.

Vor der Tür zum Waffendepot angelangt, mußte sie feststellen, daß diese versperrt war. Sie hatte zwar einen Schlüssel, doch lag dieser tief vergraben irgendwo in einer ihrer Taschen. Wenn sie jetzt danach kramte, vergingen kostbare Sekunden, und das konnte sie sich nicht leisten. Schon glaubte sie Schritte zu vernehmen, die sie verfolgten. Nach einer Pause, die kaum zum Atemschöpfen reichte, lief sie weiter.

Als sie um die Ecke bog, stieß sie unvermutet mit einem Menschen des Hochschwerkrafttyps zusammen, der wie ein Dandy gekleidet war, inklusive Cape, Hut und Rose. Der überraschenden Zusammenstoß warf beide zu Boden, doch Rawling, deren Reflexe durch zusätzliche Adrenalinstöße beschleunigt wurden, hatte ihre Fassung Sekundenbruchteile vor dem Mann wiedererlangt.

Sie ließ den Fuß vorschnellen. Der Tritt traf Pias Bavol genau unter dem Kinn. Sein Kopf schlug hart gegen den Boden, sein Körper wurde schlaff. Die Sicherheitschefin rappelte sich auf und nahm die Waffe des anderen an sich. Jetzt war sie auch bewaffnet — eine ihrem Verfolger unbekannte Tatsache. Diese konnte sie zu ihrem Vorteil ausnützen. In wenigen Sekunden würde er um die Ecke biegen.

Sie stellte den Strahler auf die größtmögliche Breite ein, damit sie ihr Ziel auf keinen Fall verfehlte. Dabei würde der erste Schuß etwas geringer als die tödliche Dosis ausfallen, ihren Verfolger aber so schwer verletzen, daß sie ihn nachher mit Leichtigkeit endgültig erledigen konnte. Sich in einen Eingang drückend, konzentrierte sie sich mit allen Fasern auf die Korridorbiegung und wartete.

Jules lief so leise wie möglich, trotzdem hallten seine Schritte hohl in dem leeren Gang wider. Rawling konnte sich sein Annäherungsgeschwindigkeit beiläufig ausrechnen, während er keine Ahnung hatte, daß sie ihm auflauerte. Er bog um die Ecke und sah sie sofort, wie sie mit der Waffe im Anschlag auf ihn wartete. Er zielte, wußte aber, daß es zu spät war. Diesmal hatte sie ihm eins ausgewischt.

Aber noch ehe einer der beiden schießen konnte, kam vom Boden her ein Summton. Die Rawling hatte sich so stark auf Jules' Auftauchen konzentriert, daß sie die langsamen, vorsichtigen Bewegungen ihres, wie sie glaubte, unbewaffneten und bewußtlosen Opfers von vorhin gar nicht wahrgenommen hatte. Die Sicherheitschefin fiel hilflos um.

Während Jules sich gegen eine Wand prallen ließ, um seinen Schwung zu bremsen, stand Pias Bavol langsam auf. In der Rechten hielt er einen Mini-Stunner, mit der Linken strich er sachte über sein lädiertes Kinn. »Diese Dame kann aber Tritte austeilen! Vermutlich war sie Ihnen nicht freundlich gesinnt.«

Jules senkte den Kopf und holte mehrere Male tief Luft. »Nein. Und Sie haben mir heute zum zweiten Mal das Leben gerettet.«

Pias tat dies mit einer großartigen Geste ab. »Es war mir ein Vergnügen. Bin nur froh, daß mein Hund mir beibrachte, wie man sich tot stellt — gelegentlich ein überaus nützlicher Trick.«

»Und wo haben Sie das Ding gefunden?« fragte Jules und deutete auf den Mini-Stunner. Er wußte, daß diese Type hier auf dem Asylplaneten nicht allgemein erhältlich war.

»Hier drinnen.« Der Newforester hob seinen Hut vom Boden

auf, und Jules konnte bei näherem Hinsehen entdecken, daß hinter den Blütenblättern der Blume ein kleines Halfter versteckt war. Das Ganze war unsichtbar, wenn man davon nichts wußte. »Jede Rose hat einen Stachel«, fuhr Pias aufgeräumt fort und steckte die Waffe dorthin, wo sie hingehörte.

»Sie sind bei weitem nicht so hilflos, wie man sie auf den ersten Blick einschätzt«, bemerkte Jules.

»Danke. Wenn ich die Wahl hätte, wäre mir lieber, meine Gegner unterschätzten mich. Das ist für mich viel sicherer. Wo ist Ihre Schwester?«

»Sie lief in die andere Richtung und sucht unsere Bekannte.« Er sah nieder auf die bewußtlose Rawling. »Wie lange wird sie geistig weggetreten sein?«

»Bei diesen Minis ist die Höchsteinstellung fünf, und das habe ich ihr verpaßt. Sie müßte eigentlich sechs Stunden bewußtlos bleiben.«

»Das reicht«, nickte Jules. »Wir können sie für's erste hier lassen. Laufen wir lieber zurück und sehen nach, ob Yv . . . Yarmilla Hilfe braucht.«

Im Laufschritt ging es zurück in die Richtung, aus der Jules eben gekommen war. Jetzt aber ließen sie sich Zeit, sich ihre Umgebung genauer anzusehen. Jules blieb plötzlich vor einer Tür mit der Aufschrift »Arsenal« stehen. »Sieht interessant aus«, meinte er. »Sehen wir kurz nach.«

Die Tür war versperrt, was für die beiden kein Hindernis darstellte. Sie richteten gemeinsam ihre Strahler auf die Tür, brannten das Schloß heraus und drückten die massive Tür ein.

Drinnen fanden sie Waffen in solchen Mengen, daß man eine kleine Armee hätte ausrüsten können. Strahler verschiedener Stärke, von den kleinen Handmodellen angefangen bis zu schweren, auf Dreifüßen montierten Geschützen. Auf Dutzenden von Kisten stand »Sprengstoff«, dazu gab es sämtliche Zusatzgeräte. Außerdem mehrere Hundert Kampfanzüge, sowohl für Boden- als auch für den Weltraumkampf. Pias stieß nach einer Begutachtung dieser Sammlung von Zerstörungsmaterial einen leisen Pfiff aus. »Die waren wohl auf alles vorbereitet?«

»Das reicht jedenfalls, um jeden Angriff abzuwehren«, bestätigte Jules. »Oder um einen Angriff selbst zu beginnen. Mit dieser Ausrüstung und ein paar gutausgebildeten Leuten hätten sie wahrscheinlich einen kleinen landwirtschaftlich strukturierten Planeten glatt überrumpelt, wenn sie den Angriff gut vorplanten.«

Er bugsierte Pias hinaus. »Jetzt rasch zu meiner Schwester. Später können wir entscheiden, was mit dem Zeug geschehen soll. Ich habe das Gefühl, es wird uns sehr zustatten kommen.«

Sie erreichten die Stelle, an der Jules und Yvette sich getrennt hatten und liefen weiter, Yvettes Spuren folgend. Sie krochen unter dem Strahl hindurch, der noch immer aus der Tür blitzte und erreichten die Tür, die Yvette absichtlich offen gelassen hatte. Jules spähte vorsichtig hinein. Seine Schwester behielt mit schußbereiter Waffe die Tür im Auge und war sehr erleichtert, daß er es war, der jetzt hereinkam. Neben Yvette hing blaß und reglos Helenas schlaffer Körper in einem Stuhl.

»Wie geht es ihr?« fragte Jules hastig.

»Nitrobarb.« Dieses eine Wort sagt alles. Gleich darauf ergänzte sie: »Ich habe Garst umgelegt. Diesmal bestehen nicht die leisesten Zweifel.» Ihre Stimme klang matt und weit entrückt.

»Gut.« Jules fiel keine bessere Entgegnung ein. Hinter ihm kam Pias herein, und Yvette erholte sich sichtlich bei seinem Anblick. Jules, dem diese Veränderung Mut machte, sagte: »Und was jetzt? Ist sie transportfähig?«

»Noch nicht«, entgegnete Yvette. Sie hatte auf diesem Gebiet mehr Erfahrung als ihr Bruder. »Ihr Stoffwechsel kämpft momentan noch ums Gleichgewicht. Jede Veränderung ihrer Lage könnte dieses Gleichgewicht ungünstig beeinflussen.«

»Wie lange müssen wir zuwarten?«

»Zehn, zwanzig Stunden. Hängt davon ab, wie lange sie sich bereits im Koma befindet. Das kann man nicht genau sagen.«

»Ich bin auf diesem Gebiet Neuling, muß ich gestehen«, sagte Pias Bavol, »aber ich glaube nicht, daß wir uns eine so ausgiebige Wartezeit leisten können. Im Moment bekämpfen einander Truppen und Aufständische, was sehr vorteilhaft für uns ist –

aber das wird nicht mehr lange dauern. Die eine Seite wird gewinnen, und der Sieger wird auch hierherkommen. Egal, wer gewinnt, ich möchte jedenfalls nicht mehr zur Stelle sein.«

»Recht hat er«, seufzte Jules. »Sicherheit oder nicht, wir müssen sie von hier wegschaffen.«

»Aber wohin denn?« fragte Yvette. »Wir können sie nicht auf denselben Weg hinausschaffen, den wir hereinkamen – zu viele Bewaffnete und zu viele Hindernisse. Wir haben es selbst kaum geschafft. Wenn wir diese Last mitschleppen, kommen wir hier nicht mehr lebend heraus.«

»Vielleicht gibt es einen einfacheren Weg, einen Geheimweg nach draußen«, wandte Pias ein.

Jules klatschte bei dieser Eröffnung in die Hände. »Natürlich! Garst kam von Vesa, einer Welt unterirdischer Gänge. Er hatte die Mentalität eines listenreichen Wühltieres. Und die meisten Wühltiere lassen sich für den Fall eines Angriffs eine Hintertür offen.«

Pias nickte. »Meine Zigeunervorfahren auf der Erde wußten, wie nützlich ein Fluchtweg sein kann. Man weiß nie, wann man ihn brauchen wird.« Er strich sich nachdenklich übers Kinn. »Aber wohin soll man auf diesem Planeten flüchten? Nicht zurück in die Stadt, dort ist die Gefahr des Entdecktwerdens zu groß. Vielleicht in einen unterirdischen Schlupfwinkel außerhalb der Stadt, wo er genügend Vorräte unterbringen konnte, um eine längere Verfolgung zu überstehen.«

Yvette schüttelte den Kopf. »Glaube ich nicht«, sagte sie und beteiligte sich an dem Ratespiel. »Garst war nicht der Typ, der abwartet, bis die Gefahr vorüber ist. Wir erlebten schon einmal, daß er sich vom Ort der Handlung möglichst weit entfernt, wenn etwas schiefgeht – und er läuft und läuft, bis er die halbe Galaxis hinter sich gebracht hat.«

»Ein Schiff«, sagte Jules. »Er muß ein eigenes Schiff haben, das startklar auf ihn wartet – für alle Fälle. Und zu diesem Schiff muß er einen eigenen Tunnel haben, weil er im Notfall nicht auf normalem Weg zum Raumflughafen kommt. Wir müssen diesen Raum hier gründlich durchsuchen. Jede Wette, daß wir einen Geheimgang finden.«

Zu dritt durchsuchten sie den Raum sehr gründlich. Beim ersten Mal fanden sie nichts, doch bei der zweiten, noch genaueren Suche, entdeckte Jules ein verstecktes Schubfach. Er zog es auf und fand darin mehrere Dutzend Videobänder, Buchrollen und andere Aufzeichnungen.

»Garst hat seine Bücher immer penibel geführt«, bemerkte Yvette. »Seine Unterlagen auf Vesa waren sehr nützlich. Ich schlage vor, wir lassen diese Dinge da mitgehen. Ich kenne jemanden, der sich für diese Aufzeichnungen sehr interessiert.«

Bei der dritten Runde durch den Raum, entdeckte Yvette das Gesuchte. Sie fuhr mit der Hand kräftig über eine Reihe scheinbar nutzloser, rein dekorativer Zapfen, und plötzlich glitt ein Teil der Wand beiseite und gab den Blick auf einen schmalen Gang frei, der tatsächlich in die Richtung zum Flughafen führte.

»Los, gehen wir«, sagte Pias.

»So einfach geht das nicht«, hielt Jules ihn zurück. »Wir müssen uns vorher einige Punkte überlegen.«

»Und das wäre beispielsweise?«

»Beispielsweise«, antwortete Yvette auf seine Frage, »brauchen wir draußen im All astronautische Meßgeräte, um festzustellen, wo dieser Planet eigentlich liegt. Sodann möchten wir einen Freund anrufen und Verstärkung anfordern, damit dieses Verbrecherasyl aufgelöst wird.«

»Gute Idee«, nickte Pias.

Doch Yvette war noch nicht fertig. »Sobald der Aufruhr draußen verebbt, wird manchem klar werden, was nun passieren wird. Man wird versuchen, mit den Schiffen da draußen auf dem Raumflughafen zu entkommen. Wir müßten uns eine Möglichkeit ausdenken, wie wir die Schiffe zerstören können. Dann kann die Polizei landen und ein großes Saubermachen veranstalten.«

»Und ich weiß, wie wir das anfangen«, meinte Jules. »Am Arsenal sind Sprengstoffe und Waffen gestapelt – mehr als wir benötigen.«

»Gut«, sagte Yvette. »Ich trage unser schlafendes Dornröschen hinaus zum Schiff, während du Sprengstoff heranschaffst.

Beeil dich – es wird bald hell, und damit wird die Arbeit erschwert.«

Die zwei Männer liefen sofort zurück ins Arsenal. Pias mußte eingestehen, daß er mit den hier vorhandenen exotischen Waffen wenig anzufangen wußte. Also blieb es Jules überlassen, ihre Einkaufsliste zusammenzustellen. Er nahm Strahler für alle drei und dazu zwei Armvoll Sprengstoff mit. Dann bastelte er Sprengstoff mit einem Zünder innerhalb des Arsenals selbst zusammen. »Damit jagen wir diesen Schlupfwinkel in die Luft, so daß sie kaum Widerstand leisten werden, wenn die regulären Truppen hier endlich aufkreuzen«, erklärte er dem erstaunten Newforester.

Pias nickte.

Mit ihrer Sprengstofflast liefen die zwei zurück in Garsts Raum und den Geheimgang entlang zum Schiff, wo sie Yvette und die bewußtlose Helena vorfanden. »Ein ganz einfaches Flugschiff«, berichtete Yvette, »und wir werden uns zusammendrängen müssen – es ist ein Zweisitzer. Garst hatte offenbar nicht die Absicht, außer sich selbst noch andere zu retten.«

Sie teilten den Sprengstoff auf und erteilten ihrem Verbündeten eine kurze, aber gründliche Lektion in der Kunst des Sprengens. Dann ließen sie ihn die Instruktionen zweimal wiederholen, bis sie sicher sein konnten, daß er wußte, was er tat. Das Trio ließ nun Helena allein in Garsts Fluchtschiff zurück und machte sich ans Werk der Zerstörung.

Auf dem Feld standen sechsundneunzig Schiffe, die nur von einer Abteilung von zehn Posten bewacht wurden. Folglich konnten sich die drei dunklen Gestalten nach Belieben durch die frühmorgendliche Dunkelheit schleichen und ihre Sprengkörper unsichtbar an der Unterseite des Schiffskörpers anbringen. Sie würden sicher mehr als zwei Stunden brauchen. Danach sollten sie sich wieder bei Garsts Schiff treffen.

Jules und Yvette waren noch vor Pias da. Sie waren mit der Arbeit schneller vorangekommen, weil sie mit diesen Dingen geübter umgingen. Jules setzte sich in den Pilotensitz und nahm eine Überprüfung der Instrumente vor, während Yvette im Eingang stand und nach dem Newforester Ausschau hielt.

Von der Befehlszentrale her hörte man Dröhnen, ein Blitz flammte auf. »Das schöne Arsenal ist dahin«, sagte Jules, ohne von seinen Instrumenten aufzusehen.« Jetzt müßte eigentlich das ganze Feuerwerk losgehen.«

»Ich wünschte, Pias wäre schon zurück«, murmelte Yvette.

Die auf dem Flughafen stationierten Posten waren total konfus, als die Zentrale in die Luft flog, und wußten nicht, wie sie reagieren sollten. Wenige Minuten darauf flog ein Frachter an einem Ende des Feldes, von Garsts Schiff weit entfernt, ebenfalls in die Luft. Bruchstücke wurden im Umkreis von hundert Metern verstreut. Diese Situation aber war in ihren Instruktionen vorgesehen – ein klarer Fall von Sabotage.

Da, auf einer freien Fläche stand Pias Bavol! Er hatte das letzte Schiff erledigt und befand sich auf dem Rückweg, als die Lichter ihn in ungeschützter Lage erfaßten. Er war fast dreihundert Meter weit weg, die einzige Gestalt auf dem Feld. Unmöglich, daß die Posten ihn übersahen.

»Pias!« rief Yvette unwillkürlich aus.

Jules war sofort an ihrer Seite und überblickte die Situation. Ihm war klar, was geschehen mußte. »Du bleibst hier bei Helena«, sagte er. »Du wirst besser mit ihr fertig. Und unterdessen hole ich ihn.« Und noch ehe sie widersprechen konnte, war er draußen und kletterte in Windeseile die Leiter hinunter.

Zwei weitere Explosionen ließen den Boden erbeben, als zwei Schiffe fast gleichzeitig gesprengt wurden. Yvette stand hilflos im Einstieg und mußte mitansehen, wie die zwei Menschen, die ihr die liebsten waren, aufeinander zuliefen. Weitere Explosionen folgten; sie schienen kein Ende zu nehmen und in Serien wie Knallkörper loszugehen.

Durch dieses Chaos gerieten die Posten in totale Verwirrung, doch sie wußten, daß sie wenigstens die Saboteure schnappen konnten, wenn sie schon gegen die angerichtete Sabotage nichts tun konnten. Die Gestalten von Jules und Pias waren auf dem ansonsten leeren Feld zu verdächtig und boten den Posten eine ausgezeichnete Gelegenheit für Zielübungen.

Jules war von Pias nur mehr fünfzehn Meter entfernt, als letzterer vorüberfiel, nachdem ein Strahl ihm in den Unterschenkel gefahren war. Yvette hielt den Atem an. Ihr Bruder verdoppelte seine Anstrengungen. Er mußte den Newforester erreichen, ehe der Posten von neuem anlegen konnte. Pias lag reglos auf dem Boden. Yvette hatte das Gefühl, ihr Herz hätte aufgehört zu schlagen. »Muß jeder Mann, den ich liebe, infolge von Garsts dunklen Machenschaften sterben?«, dachte sie verzweifelt. »Das ist nicht fair . . . es ist einfach nicht fair!«

Und dann stand Jules neben Pias und zerrte den anderen hinter ein Schiff, das erst in einigen Minuten explodieren sollte. Pias schien bei Bewußtsein, und Jules konnte sich mit ihm über den Zustand des Beines beraten. Er half ihm auf, und sie probierten aus, ob Pias gehen konnte. Pias nickte.

Jules ließ ihn vor sich gehen. Pias bemühte sich heldenhaft zu laufen, doch die Wunde ließ seinen Gang zu einem unsicheren Taumeln werden. Jules folgte ihm mit der Waffe im Anschlag, bereit, jeden umzulegen, der auf den Mann anlegen wollte, der ihm kurz nacheinander zweimal das Leben gerettet hatte.

Es schien, als würde der Boden in Abständen von wenigen Sekunden von einer neuen Explosion erschüttert. Auf dem Gelände waren weitere Brände ausgebrochen. Da sämtliche Feuerlöschgeräte in der Stadt eingesetzt waren, konnten die Posten nicht einschreiten. Der dicke schwarze Rauch gab Jules und Pias Deckung auf ihrem qualvollen Weg zurück zum Schiff.

Endlich hatten sie den Fuß der Leiter erreicht und begannen den Aufstieg. Jetzt riß Yvette ihren Blick von den beiden los und beobachtete lieber das Feld. Denn jetzt kam der gefährlichste Augenblick, wenn sich nämlich die Männer hilflos als deutliche Ziele von dem Metallrumpf des Schiffes abhoben. Yvette tastete das Feld wie ein menschlicher Radarstrahl mit den Augen ab. Solange sie etwas zu sagen hatte, würde niemand ihren Männern ein Haar krümmen.

Links regte sich etwas, und Yvette feuerte los. Der Posten, der eben auf die Kletternden schießen wollte, stand an der Grenze von Yvettes Reichweite und wurde nicht getötet. Doch bekam er genügend Hitze ab, daß er rücklings umfiel. Von diesem Strahlenschuß würde er sich erst in einigen Minuten erholen – und bis dahin waren Jules und Pias schon in Sicherheit. Yvette faßte nach dem Arm des Newforesters und führte ihn behutsam in die Steuerkabine, während Jules die Luke luftdicht schloß.

»Ich werde die Beschleunigungsliege brauchen, wenn ich dieses Schiff steuern soll«, sagte er, als er an seinen zwei nicht bewußtlosen Mitpassagieren vorbei ans Steuer ging. »Die andere Liege wird das Mädchen brauchen, damit sie die Beschleunigung nicht so spürt. Bleibt für euch wenig Raum.«

»Wie schnell wirst du starten?« fragte Pias. Yvette hatte bereits die Erste-Hilfe-Ausrüstung des Schiffes bei der Hand und verband sein Bein. Der Strahl hatte ihm ein kleines Hautstückchen am linken Unterschenkel weggebrannt, doch war die Wunde mehr schmerzhaft als gefährlich.

»Gib acht, daß du drei g nicht überschreitest«, riet Yvette ihrem Bruder. »Unsere Patientin hält nicht mehr aus. Wir müssen überhaupt hoffen, daß Jugend und Gesundheit ihr über den Berg hilft. Jedesmal, wenn sie eine Veränderung durchmacht, verringern sich ihre Überlebenschancen.«

»Na gut«, sagte Jules. »Hübsch langsam also.«

»In diesem Fall«, äußerte Pias, »können Yarmilla und ich uns nebeneinander vor die Rückwand legen. Bei drei g wird es so sein, als lägen wir daheim auf dem Boden.«

Jules nickte und machte sich weiter an den Instrumenten zu schaffen, während draußen auf dem Feld die Schiffe eines nach dem anderen explodierten. Nach fünf Minuten erklärte er, startbereit zu sein, und Yvette und Pias machten sich auf allerhand gefaßt.

Ein dumpfes Heulen, als die Schiffsantriebe zum Leben erwachten. Das Heulen steigerte sich zu einem Dröhnen, und plötzlich wurden sie durch die Aufwärtsbewegung des rasch beschleunigenden Schiffes nach unten gedrückt. Die Zugkraft von drei g war nicht weiter schmerzhaft.

Langsam hob sich das kleine Schiff in den Himmel. Die drei Abenteurer hatten das scheinbar Unmögliche geschafft: sie waren auf dem Asylplaneten gelandet, hatten ihre verschiedenen Aufgaben erfüllt, waren mit dem Leben davongekommen und konnten von ihren Taten berichten.

14. Kapitel

Der Markgraf von Newforest

Die Beschleunigung schien nicht enden zu wollen. Weil sie mit verhältnismäßig geringer Geschwindigkeit abhoben, brauchten sie länger, um in ihren vorläufigen Orbit zu gelangen. Aber schließlich war es geschafft, und Jules schaltete den Antrieb ab. Sofort wurde der Übergang von drei auf null GEE fühlbar, und wirkte auf sie trotzt Jules' Warnung wie ein Schock.

Yvettes erste Sorge galt Helena. Das Mädchen war totenblaß. Yvette ruderte zu ihr hinüber und faßte nach ihrer Kehle, um den Puls zu fühlen. »Unregelmäßig, aber noch vorhanden«, sagte sie seufzend. »Vielleicht schafft sie es noch.«

Jules Arbeit war mit dem Erreichen des freien Weltraumes nicht getan. Er visierte verschiedene Sterne an, um festzustellen, in welchem Oktanten der Galaxis sie sich befanden und welches die Koordinaten dieses Sternensystems waren. Für die grundlegenden Messungen brauchte er eine gute halbe Stunde, dann eine weitere Stunde, um seine Berechnungen durch den Bordcomputer laufen zu lassen. Aber schließlich hatte er den genauen Standort und konnte einen Subcom-Anruf an den Chef auf der Erde durchgeben.

Zuvor aber gab er seiner Schwester mit einem Kopfnicken zu verstehen, sie möge Pias ablenken. Unter einem Vorwand bat sie Pias, er möge mit ihr hinunter in die kleine Kombüse gehen. Sie konnte nicht riskieren, daß er die Identität des Chefs entdeckte, obgleich sich Pias als guter Mitstreiter bewährt hatte.

Garsts Subcom-Apparat hatte keine Chiffrier-Anlage wie die Schiffe des Service, deshalb schaltete Jules die Sichtübertragung gar nicht ein, weder auf Sendung noch auf Empfang. Als die Stimme des Chefs aus dem Apparat drang, meldete sich Jules und gab seine Durchsage in einem SOTE-Code der höchsten Geheimhaltungsstufe durch. Als erstes erwähnte er, daß sie Helena herausgeschafft hätten, daß diese mit Nitrobarb behandelt worden sei und den kritischen Punkt noch nicht überwunden hätte. Er meldete, daß Garst die Organisation des

Asylplaneten aufgebaut hätte und auch derjenige wäre, der Helena mit Nitrobarb behandelt und alle Geheimnisse erfahren habe. Garst aber war jetzt mit Sicherheit tot, und was er erfahren hatte, war mit ihm im Jenseits – es sei denn, wie Jules hinzufügte, er hatte die Informationen noch vor dem Auftauchen der d'Alemberts weitergegeben. Der Chef hörte sich diese Vermutung an, unterbrach Jules' Bericht jedoch nicht.

Jules gab die Koordinaten des Sternensystems durch, dem der Asylplanet angehörte und ersuchte um die Entsendung mehrerer Schiffe, welche die Verbrecher vom Planeten abholen sollten. Die meisten Schiffe hätte er zwar zerstört, doch träfen täglich neue Einheiten ein, die zumindest einen Teil der »Klienten« vor der Ankunft der kaiserlichen Marine wegschaffen könnten.

Der Chef brauchte eine Weile, um die Position der Flotte in jenem Sektor festzustellen. Sodann versicherte er seinem Agenten, daß ein Schiff in höchstens zweieinhalb Tagen da sein könnte. Unterdessen wollte er veranlassen, daß das gesamte Gebiet um den Asylplaneten abgesperrt würde, so daß alle aus diesem speziellen Allbereich kommenden Schiffe gründlich untersucht würden. Vielleicht gelang es einer Handvoll vom Glück begünstigter Gauner, die Blockade zu durchbrechen, doch die Mehrzahl würde man fassen und den zuständigen Behörden übergeben.

Jules sprach auch von ihrem neuen Freund Pias Bavol und erbat einen Sicherheitsbericht über ihn. Schweigen am anderen Ende der Leitung, dann kam die Antwort des Chefs: »Ich glaube nicht, daß das nötig ist.«

»Und warum nicht?«

»Die Bavols wurden bereits routinemäßig auf ihre Vertrauenswürdigkeit überprüft. Pias ist der Erstgeborene des Herzogs von Newforest und damit Herzog und Erbe des Planeten. Die Newforester wurden vor fünfzig Jahren, als man wieder Kontakte mit ihnen anknüpfte, mit Mißtrauen angesehen, doch sie haben ihre Loyalität hinlänglich unter Beweis gestellt. Wenn keine besonderen Gründe vorliegen, würde ich ihn vorläufig als unverdächtig einstufen.

Jules war platt. Pias hatte nie eine Andeutung über seine adelige Herkunft fallenlassen. Aber schließlich hatten sie ja dieselbe Tatsache vor ihm geheimgehalten. Ihr Vater war Herzog von DesPlaines und ihr älterer Bruder Robert würde den Titel erben. Jules und Yvette hatten nur Anspruch auf den Titel Lord und Lady – einen Rang, auf den zu pochen sie nur selten Gelegenheit hatten.

Jules versicherte seinem Chef, daß sie mit Höchstgeschwindigkeit auf Erdkurs gehen würden. Er wußte nicht genau, wie schnell Garsts Schiff war, doch schätzte er die Flugzeit auf sieben bis zehn Tage. Selbstverständlich würde er Nachricht geben, sobald man wußte, ob Helena die Nitrobarb-Behandlung überleben würde. Der Chef dankte ihm für sein Entgegenkommen und seine Fürsorge, und das Gespräch war beendet. Jules ging gleich daran, die nötigen Vorbereitungen für den Übergang des Schiffes in den Sub-Raum zu treffen.

*

Yvette war gleichermaßen erstaunt, als sie von Pias' hohem Rang erfuhr. Die beiden gaben Pias zu verstehen, daß sie Bescheid wußten, und er gestand mit verlegenem Gesicht, daß er tatsächlich Markgraf von Newforest sei.

»Und warum durften wir das nicht erfahren?« fragte Yvette.

»Ich hielt es in Anbetracht der Situation für unpassend«, gab Pias mit einem Achselzucken zurück.

Helena schwebte noch stundenlang in Todesgefahr. Kurz nach dem Eintritt in den Sub-Raum erlitt das Mädchen einen starken Schweißausbruch. Die Kleider klebten an ihr wie eine zweite Haut. Die drei wechselten einander im Abfrottieren ab. Zeitweise stieg die Temperatur bis auf vierzig Grad, und ihre Freunde befürchteten das Ärgste.

Wenige Stunden später verfiel sie in einen Zustand der Halluzinationen. Sie schrie und kreischte ununterbrochen, meist in einem unverständlichen Kauderwelsch. Dabei schlug sie so heftig um sich, daß Jules sie nur unter Aufbietung aller Kräfte festhalten und sie daran hindern konnte, sich selbst zu verletzen. Im schwerelosen Raum wirkte sich das alles noch ärger aus als uner Schwerkraftbedingungen.

Die Anfälle gingen vorbei, und Helena bekam Schüttelfrost. Sie wickelten die Ärmste in die einzigen zwei Decken, die sie an Bord auftreiben konnten. Wieder war es Jules, der sie festhielt und sie dabei wärmte. Schließlich ging auch das vorbei, und Helena schwebte frei in der Pilotenkanzel, bleich und nur schwach atmend. »Bald werden wir es wissen«, sagte Yvette – und es war ihr anzumerken – wie gering ihre Zuversicht war.

Jules hielt eben Wache neben der Patientin, als deren Lider matt zu flattern begannen. Er beugte sich besorgt über sie, als sie sekundenlang ein Auge öffnete. Sofort rief er seine Schwester herbei, und Yvette war sogleich zur Stelle.

Helenas Lidflattern dauerte an, bis sie schließlich beide Augen öffnete und zunächst verständnislos in die Gesichter ihrer Freunde starrte. Yvette hatte die Beleuchtung gedämpft, damit die plötzliche Helligkeit die Kranke nicht blendete.

»Na, wie fühlen Sie sich?« fragte Jules mitleidig.

Helenas Verstand war noch verwirrt, und ihre Gedanken verliefen auf Irrwegen. Doch dann wurde sie von einem Schwall Erinnerungen überfallen – der Fluchtversuch, der Kampf auf dem Raumflughafen, die Gefangennahme, das Verhör durch Garst bis zu dem Punkt, als er ihr Nitrobarb injizierte. Offenbar hatte sie es überstanden, und war nun wieder mit ihren Freunden zusammen – und befand sich im schwerelosen Zustand. Aber darüberhinaus hatte sie keine Ahnung.

»Ich fühle mich sehr benommen, sehr matt und sehr verwirrt«, antwortete sie wahrheitsgemäß. »Schön, euch wiederzusehen. Ich hätte nie gedacht, jemals etwas wiederzusehen.« Doch als Pias in ihren Gesichtskreis trat, wurde sie plötzlich sehr mißtrauisch. »Wer ist das?« fragte sie.

Behutsam berichteten Jules und Yvette Schritt für Schritt die der Gefangennahme Helenas folgenden Ereignisse. Diese Vorsichtsmaßnahme wurde nicht um Helenas willen getroffen, sondern wegen Pias. Er mochte dem Kaiser treu ergeben sein, trotzdem aber wollten sie besondere Information nicht jedem

Bürger zugänglich machen, wenn es nicht unbedingt erforderlich war. Helena war sich dieser grundlegenden Regeln wieder sofort bewußt und bemühte sich, die ganze Wahrheit zwischen den Zeilen zu lesen.

Während Jules sich per Subcom mit dem Chef verbinden ließ, um ihm zu melden, daß Helena außer Gefahr sei, scheuchte Yvette Pias hinaus und fragte Helena: »Na, was halten Sie jetzt vom Fronteinsatz?«

Helena lächelte reumütig. »Sie hatten recht. Mir reicht es für den Rest meines Lebens. Hinter dem Schreibtisch zu sitzen und die Risiken euch zu überlassen bietet viele Vorteile.«

»Jeder soll das tun, was ihm am meisten liegt«, tröstete sie Yvette. »Verwaltungsarbeit ist ebenso lebenswichtig wie unsere Einsätze. Unsere Arbeit sieht bloß großartiger aus.«

Die Rückkehr zur Erde dauerte volle acht Tage, und das in der Enge von Garsts Schiff. Während dieser Zeitspanne gab es nicht viel zu tun, und sie konnten darangehen, sich miteinander näher anzufreunden. Helena wurde mit dem Markgraf Pias bekanntgemacht, obgleich Jules und Yvette davon Abstand nahmen, Helenas Namen zu nennen. Leider konnte keiner der drei SOTE-Angehörigen viel über sich selbst zum Besten geben, und so lastete das Hauptgewicht der Unterhaltung auf Pias' Schultern. Er erwies sich erneut als gewandter Plauderer, und falls ihm ihre Zurückhaltung etwas ausmachte, gab er es nicht zu erkennen. Und bei ihrer Ankunft auf der Erde mußte sogar Jules zugeben, daß sein anfänglicher Eindruck vom Newforester falsch war. Er fand ihn sogar riesig nett. Yvette schenkte ihm ein selbstzufriedenes Lächeln und sagte nichts. Es war klar, daß ihre eigenen Gefühle für diesen Mann sich immer mehr vertieften.

Als sie auf dem Raumflughafen von Canaveral niedergingen, wurden sie von einem Ambulanzfahrzeug willkommen geheißen, welches Helena trotz ihrer Versicherungen, sie wäre schon seit einer Woche aus dem Koma und fühle sich fast normal, mit ihr in ein Krankenhaus brauste. Jules, Yvette und Pias gingen anonym von Bord und mieteten sich in einem der schicken Hotels in der Nähe ein. Sobald der Chef hörte, daß sie von Bord gegangen wären, ließ er das Schiff beschlagnahmen und Harsts Unterlagen auswerten.

Für Jules und Yvette kamen nun zwei ereignislose Tage. Sie glaubten sich bereits vergessen, als sie Anweisung erhielten, noch am Abend in der Ambassador-Suite des Hotels zu einer privaten Zusammenkunft zu erscheinen. Über den Charakter dieser Zusammenkunft bestanden bei ihnen keine Zweifel.

Großherzog Zander von Wilmenhorst höchstpersönlich öffnete ihnen und bat sie herein. Herzogin Helena lag ausgestreckt auf einem Sofa. Sie wollte bei ihrem Eintreten aufstehen, ließ sich aber überreden liegenzubleiben. Sie war noch immer blaß, obwohl ihre Wangen bereits langsam Farbe bekamen.

Nach der allgemeinen Begrüßung sagte der Chef: »Zunächst meinen persönlichen Dank für alles, was ihr bei dieser Mission geleistet habt. Ihr habt mir meine Tochter wieder gebracht. Ich wüßte nicht, wer unter diesen Umständen eine annähernd so gute Leistung hätte erbringen können.«

»Ach, wir waren nicht allein«, hob Yvette hervor.

»Ja, über euren Freund, den Markgrafen, sprechen wir später. Jetzt aber nehmt bitte den Dank eines liebenden Vaters für die sichere Heimkehr seiner Tochter entgegen.«

»Wir sind selbst glücklich, daß wir es geschafft haben«, erwiderte Jules. »Helena ist unsere Freundin.«

»Und jetzt spreche ich als euer Chef«, fuhr er fort und gab seiner Stimme einen sachlichen Klang. »Ich möchte sagen, daß ich mit der geleisteten Arbeit sehr zufrieden bin – auch wenn damit klar wird, daß noch viel mehr Arbeit vor uns liegt. Die Verschwörung, mit der wir es zu tun haben, ist unglaublich weitverzweigt. Sie ist vielleicht sogar größer als Banions Organisation.«

Die d'Alemberts wechselten erschrockene Blicke. Die von Banion dem Bastard meisterhaft ausgeklügelte Verschwörung hatte über drei Viertel des Imperiums umfaßt, hatte die obersten Ränge des Service selbst ergriffen und war an die fünfzig Jahre lang geplant worden. Gab es denn etwas noch Größeres?«

»Wie viel von Garsts Unterlagen habt ihr gelesen?« fuhr er fort.

»Nicht viel«, gestand Yvette. »Das meiste lag in Form von Bändern vor, und wir hatten an Bord nicht die Einrichtungen zum Abspielen. Außerdem wollten wir in Gegenwart von Pias nicht zu viel durchsickern lassen.«

»Sehr vernünftig«, nickte der Chef. »Ich aber konnte mir die Bänder ansehen und muß sagen, daß ich zu Tode erschrocken bin. Besonders ein Band macht mir Angst.

Wie ihr wißt, erfuhren wir von einer weit umsichgreifenden Verschwörung, als eure Cousine Luise von verstorbenen Dr. Rustin erfuhr, er hätte noch weitere Roboter geschaffen. Die auf Mellisande gewonnene Information bestätigt dies und ergänzt das Bild um eine weitere Einzelheit – nämlich um Lady A. Sie scheint mir der Brennpunkt aller Aktivitäten zu sein und nimmt innerhalb der Verschwörung sicher einen der höchsten Ränge ein. Siehe da, in Garsts Büro taucht sie erneut auf – leider kam an diesem Tag Helena an. Garst nahm das damalige Gespräch gottlob auf Band auf. Ich möchte euch das Band vorspielen.«

Der Chef trat an den Videorecorder, den er in einer Ecke aufgebaut hatte und drückte einen Knopf. Die d'Alemberts saßen still und immer schockierter da, während sie das Gespräch mitanhörten. Sie bekamen Lady A zum ersten Mal zu sehen und hörten ihre Stimme, als sie Zander von Wilmenhorst als Chef des Service bezeichnete und Helena als seine Erste Assistentin. Sie hörten ihre Behauptung, sie und ihre Organisation wüßten über die meisten Vorgänge innerhalb der SOTE Bescheid, und die daraus erwachsende Bemerkung, sie arbeite auf den Sturz des Imperiums hin. Als das Band abgespielt war, saßen sie sekundenlang wie betäubt da.

»Ich zeigte Bill dieses Band«, sagte der Chef leise, »und er reagierte ähnlich wie ihr. »Damit konnte er nur eine Person meinen – nämlich Seine Kaiserliche Majestät William Stanley, den Zehnten in der Linie der Monarchen, obersten Herrscher des Erdimpriums. Ich bot ihm meinen Rücktritt mit der Begründung an, daß das Bekanntwerden meiner Identität die Wirksamkeit meiner Arbeit einschränken würde. Das lehnte er rundweg ab. Er hielte mich noch immer für den Besten, er sei sicher, ich könnte jede auftretende Schwierigkeit meistern.«

»Da gebe ich ihm recht«, sagte Jules. »Ich habe volles Vertrauen zu Ihnen. Aber dieses Video-Band ist in der Tat schrecklich.«

»Danke. Ihr habt ein Talent für Untertreibung. Das Band ist verheerend. Wir dachten schon, wir hätten nach der Affäre Banion alle Lecks in unserer Organisation gestopft, und doch scheinen wir löchriger zu sein als je zuvor. Ich würde meinen Kopf für unsere Mitarbeiter verwetten, und doch ist irgendwo ein dauerndes Leck.«

»Wurde einer Ihrer vertrauenswürdigen Mitarbeiter vielleicht durch einen von Dr. Rustins Robotern ersetzt?« fragte Yvette.

Der Chef schüttelte den Kopf. »Nein, das war auch eine meiner ersten Überlegungen. Doch damals, als wir vom Vorhandensein dieser Roboter erfuhren, ließen wir unsere gesamte Belegschaft röntgenisieren, und alle waren sie menschlicher Natur. Gestern machten wir dasselbe, nachdem ich mir das Band angesehen hatte – Ergebnis negativ. In den oberen Rängen haben wir keine Roboter. Nein, die Antwort darauf ist viel komplexer. Hat einer von euch diese Frau erkannt?«

Jules und Yvette mußten eingestehen, daß sie die Dame noch nie gesehen hatten.

»Ich auch nicht«, sagte der Chef seufzend. »Und doch muß sie größtenteils hier auf der Erde operieren, da hier der Sitz der Regierung ist. Sie muß sich in der Nähe aufhalten, wenn sie die Finger am Puls der SOTE haben will. Sie war nach der neuesten Hofmode gekleidet, ein Hinweis darauf, daß sie eine Person von hohem Rang ist. Das ist aber auch der einzige Hinweis, den wir haben.«

»Und was haben Sie als nächstes vor?« fragte Jules.

»Spionage ist ein Geheimspiel innerhalb von Geheimnissen. Es handelt sich nicht allein darum herauszufinden, was die andere Seite weiß. Die anderen müssen im Ungewissen darüber bleiben, was man selbst weiß. Im Augenblick gibt es nur fünf Menschen, die wissen, daß wir das Band gesehen haben – wir vier und Bill. Nicht einmal Irene und Edna sind informiert, und werden auch in Zukunft nichts erfahren. Ihr beide behaltet es für euch und sagt es nicht einmal euren Angehörigen. Die

Existenz des Bandes wird nirgends niedergelegt. Was das Service offiziell betrifft, so sind die in Garsts Büro gefundenen Bänder bedeutungslos. Wenn der Gegner überhaupt weiß, daß das Band existiert, so hat er doch kein Ahnung, daß wir es gesehen haben. Das verschafft uns einen winzigen Vorteil. Gott weiß, daß wir ihn nötig haben.«

»Und wie steht es mit unseren Identitäten?« fragte Jules. »Unser Haupttrumpf bestand bis jetzt darin, daß niemand die wahre Rolle des Zirkus' kennt. Nur wenige in der SOTE – wie Marask Kantana beispielsweise – kennen unsere Gesichter und kennen die ganze Wahrheit. Weiß jetzt der Gegner in dieser Hinsicht auch alles?«

An dieser Stelle errötete Helena zutiefst. »Es ist mir ja so peinlich. Es existiert ein Band von meinem Verhör. Ich sagte Garst alles über euch und den Zirkus.«

»Das geschah nicht absichtlich«, beruhigte Yvette sie. »Sie standen unter dem Einfluß von Nitrobarb. Wir können froh sein, daß Sie überlebt haben.«

»Die Art, wie Garst sie verhörte«, fuhr Helenas Vater fort, »ließ erkennen, daß die Information für ihn neu und bestürzend war. Falls Lady A und ihre Freunde Bescheid wußten, so hatten sie ihn nicht eingeweiht. Und er sie aus bestimmten Gründen auch nicht. Die Marinebesatzer, die den Asylplaneten übernahmen, berichten, daß die Sub-Com-Leitung im Zeitraum zwischen Helenas Verhör und Garsts Tod nicht benutzt wurde. Er hat sein Wissen ins Grab genommen.

Natürlich haben wir keine Ahnung, ob sie von euch aus anderen Quellen erfahren hat – aber rein intuitiv möchte ich es sehr bezweifeln. Wenn sie mehr wüßte, wäre sie nicht so zuversichtlich und hätte Garst befohlen, Helena ohne Federlesens zu töten, weil sie ja gewußt hätte, daß ich euch zwei auf die Suche nach Helena schicken würde. Vielleicht kennt sie euren Code-Namen – die Namen kennen im Service alle – aber sie weiß nichts von euren Fähigkeiten. Und ich möchte es dabei belassen. Das Geheimnis eurer Identität soll noch besser gewahrt werden.

Und damit kommen wir zum Thema Pias Bavol. Yvette,

meine Liebe, ich kann gut verstehen, daß Ihnen der Mann gefällt.«

»Er bat mich gestern um meine Hand«, sagte Yvette leise. »Und ich bat ihn um Bedenkzeit.«

»Sie wollten die Sache mit mir besprechen«, meinte der Chef lächelnd. »Sehr klug. Sagen Sie, wie steht es mit Ihren Gefühlen?«

»Ich liebe ihn sehr«, antwortete Yvette d'Alembert ohne zu zögern. »Ich möchte ihn gern heiraten, aber ich habe Pflichten gegenüber dem Service und kann mir keinen Gefühlskonflikt leisten. Wenn Sie das Gefühl haben, er stelle ein Sicherheitsrisiko dar, dann weise ich ihn ab.«

»Jules, was halten Sie von ihm?«

»Zunächst mochte ich ihn nicht«, mußte der Agent eingestehen. »Er war zu auffallend, zu redselig und benahm sich zu verdächtig. Doch als es hart auf hart ging, machte er sich tadellos. Was er Carnery antat, kann ich nicht billigen – aber ich kann auch nicht behaupten, daß ich dazu nicht imstande wäre, wenn jemand Vonnie grausam tötet.«

»Wenn er Yvette heiratet, müssen wir ihn in den Service aufnehmen und als Agenten ausbilden. Was meinen Sie dazu? Wird er es schaffen?«

»Anfangs hätte ich ihm nicht viel Chancen gegeben. Doch er hat Carnery zwei Jahre lang ohne besondere Ausbildung hartnäckig verfolgt. Und dann hat er ohne fremde Hilfe seine Mission erledigt. Vielleicht wäre er sogar ohne fremde Hilfe vom Asylplaneten wieder entkommen, wenn sich unsere Wege nicht so gewaltsam gekreuzt hätten. Sollte seine Loyalität, wie Sie sagen, über jeden Zweifel erhaben sein, ja, dann würde ich ihn der Akademie sehr empfehlen.«

Yvette hätte ihrem Bruder am liebsten einen Kuß gegeben, hielt jedoch mit ihrer Begeisterung zurück.

Der Chef sah Yvette an. »Es ist Ihnen doch klar, daß er praktisch alles erfahren müßte. Eure Identität, eure Herkunft, alles über den Zirkus – einfach alles. Eure Familie wird ihn kennenlernen wollen, ehe sie ihre Einwilligung gibt, obgleich ich mir nicht vorstellen kann, daß Etienne diese Heirat nicht billigt. Bavol wird alles erfahren, bis auf die Sache mit dem Band Garsts. Das möchte ich als Geheimnis behalten. Ich verlasse mich auf Ihr Urteil – vertrauen Sie dem Mann voll und ganz? Von Ihrer Antwort kann einst euer beider Leben abhängen.«

»Er rettete mir einmal das Leben und Jules sogar zweimal«, erwiderte Yvette. »Und beide Male hätte er es nicht tun müssen. Er hätte uns dem Tod überlassen können und tat es nicht. Ja. Ich vertraue ihm.« Und Jules nickte beistimmend.

»Also gut«, sagte der Chef mit einem Lächeln. »Wenn meine zwei besten Agenten ihr Leben in die Hände dieses Mannes legen, kann ich nicht zurückstehen. Er soll von meiner Stellung natürlich nichts erfahren – wenn er jemals Helena in öffentlicher Funktion sieht, wird ihm vielleicht ohnehin ein Licht aufgehen. Ich überlasse es euch, ihm die Neuigkeit zu überbringen und ich sorge dafür, daß er in die Akademie des Service aufgenommen wird.«

Tränen des Glücks schimmerten in Yvettes Augen. Helena stand auf und gab Yvette einen Kuß auf die Wange. Die zwei Frauen vertieften sich ohne Umschweife in ein Gespräch über die Einzelheiten der Hochzeit – ob vor oder nach Pias' Ausbildung, ob schlichte oder aufwendige Zeremonie und dergleichen mehr.

Zander von Wilmenhorst sah es mit gemischten Gefühlen. Auch er hatte an eine Hochzeit zu denken, an eine, von der bislang nur wenige Menschen wußten. In Bälde sollte die Ankündigung erfolgen, daß Kronprinzessin Edna den Mann ihrer Wahl ehelichen würde, einen Mann namens Choyen Liu. Edna war die einzige Nachkommin des Kaisers. Ihre Hochzeit würde in der gesamten Galaxis Aufsehen erregen – und die Aufmerksamkeit von Lady A und ihrer Meute auf sich lenken. Er war sicher, daß ihm Aufregungen ins Haus standen, wenn er auch nicht die leiseste Ahnung hatte, wie diese beschaffen sein würden. Er war jedenfalls für die Sicherheit verantwortlich und durfte nicht zulassen, daß Prinzessin und Thronfolge gefährdet wurden.

Diese Gedanken verdrängte er rasch, als er sich wieder seinen zwei Top-Agenten zuwandte. Jules und Yvette d'Alembert haben sich einen Kurzurlaub redlich verdient, sagte er sich. Und ich kann es mir leisten, ihnen diese kleine Verschnaufpause zu gönnen, ehe sie wieder einmal die Galaxis vor drohendem Unheil retten müssen.

ENDE

SCIENCE FICTION

Band 23 049

E. E. »Doc« Smith

WELTRAUMZIRKUS D'ALEMBERT

Treffpunkt: Todesstern

Der Adel des Galaktischen Imperiums stirbt aus. Rätselhafte Attentate dezimieren auf allen Planeten die Anhänger des terranischen Kaisers. Der Geheimdienst des Imperiums bekommt die interstellaren Verschwörer nicht zu fassen. Dem Kaiser bleibt nur sein Geheimkommando: die Familie d'Alembert. Die Artisten müssen sich in die Organisation des Gegners einschleusen. Aber die tödliche Lady A., der Kopf der Verschwörung, hat eine tödliche Falle vorbereitet . . .

BASTEI LÜBBE